就是要逛才有趣

新·商业空间大改造

《第一财经》杂志·未来预想图／赵慧 主编

东方出版社

WELCOME。

C O N T E N T S

CONTENTS

· before wandering ·

PART 1

·

Pre

我们常说设计改变生活，但是设计无法拯救生活。
比起靠颜值一炮而红，更难的是运营与可持续性。

为什么我们的
店铺、街道
乃至城市
在渐渐失去魅力?

by / 赵慧

虽然"就是要逛才有趣"的书名充满乐观色彩,但我们在采访、撰写这本 mook 的过程中,仍然感受到,它并不是一个容易实现理想的领域。

我们可以先谈谈商业空间。有太多年,我们熟悉的商业空间几乎可以等同于百货商场、商业街,或是后来渐渐崛起的购物中心(shopping mall)。后来,电商颠覆了传统的零售方式,人们找到了性价比更高的购物渠道,再出门时,购物中心没有那么多魅力了。

一些店铺在变革中加上了"线下体验店"这类名字,还有一些想要改变的人开始出国考察,看看海外有哪些让人心动的新体验。很多人将目光对准日本——在大多数人的印象中,日本有很多公司被描述为提供优质服务的样板企业。尤其是在东京这样高人口密度的城市,实体商业空间仍然吸引着众多客流。

在这些想研究"新零售"领域的求知者的拜访名单中,最容易出现的,是那些新开的高颜值网红店的名字。紧接着我们看到,中国的街道中、巷子里,很快就能出现同样颜值与陈列的"新零售"试验店。回想一下,你一定有过这样的体验:这些店铺大多光鲜亮丽,每一处室内设计都可以帮你完成相框取景。但是你会在那里消费吗?你是现场打卡、完成社交、然后消失,还是将它列为你认同的"可以时不时来逛逛"的地方,因为你时不时会对它的产品动心,愿意当场买点东西?

我们常说设计改变生活,但是设计无法拯救生活。支撑一家店铺生存下去的核心仍然是产品与服务,高颜值的建筑、室内设计,乃至包装设计,也建立在消费者对产品与服务的认可之上——因为这才是本质上购买的价值,而设计,是附加价值。

这也是我们发现的一个有趣的现象:客流密集、生意红火的店铺,既可能是装修普通、但是产品口碑深入人心的老店,也可能是产品与设计都打动人心的新型商业空间:它们可以是充分考虑品牌、服务、价格配置、选址与动线设置、客层定位的综合商场,也可以是同时体现旧街区延续性与新型商业联系的社区改造,还可以是不以盈利为目的、但最终引导区域或品牌保持活力、产生更大价值的公共空间项目,甚至可能是不同产品领域在空间上的跨界试验。

它们也许本身就希望成为打卡胜地,但并非所有项目都是"网红脸"。

赵慧

"未来预想图"主编,
《第一财经》杂志编委

这也是我们推出这本 mook 的原因——不要简单将颜值作为判断一个商业空间是否成功的标准,比起一炮而红,更难的是运营与可持续性。所以你会在这本书中看到不止一个领域的试验:街区改造、购物中心、新型酒店、公共空间,乃至菜市场。视野也不仅仅局限在中国大陆,你会看到日本、荷兰、西班牙、美国、中国台湾等多个国家和地区的各种项目。

你可以慢慢咀嚼这些案例——无论是对零售业者,还是关心以上各领域新发展趋势的人,它们都有太多可以研究的地方了。我想说的其实还有几点作为观察者的体会。

1 / 我们不怀疑一个项目在运营之初的美好愿景,但随着项目的推进,利益关系可能比我们看到的表象更复杂。

我会希望我们的读者,从此在看到一个新的街区改造或者开发项目时,能够首先问一个问题——谁是这个项目的开发主体。它可能是政府、房地产开发商,甚至有可能是这个街区自发组成的一个自治机构,再或者,是这一堆组织机构的集合。不同主体会有不同的开发目的,然后在项目推进过程中,你会发现,会有新的人参与进来:政府、开发商、自治组织、居民、学者、设计师 / 规划师 / 建筑师……这些群体的声音是否都能够得到讨论,常常决定了这个项目最终呈现的样貌。

你可以从这本 mook 中描写纽约高线公园(The High Line)的那篇文章中看到这许多矛盾,也可以从前面的北京大栅栏(注意它的本地读音:dà shí lànr)、东京站广场的规划中看到各种不同的解决方案。一个很重要且不可忽视的视角来自居民——这些原住民是否得到妥善安置,他们的需求和专家学者建筑师们真的一致吗?再回想一遍,针对不同项目的出发点与开发目的,你可能会有不一样的答案。

2 / 街区更新变得更有活力、房产升值带动周边经济发展……很可能一开始没有什么问题。但是最终,街区可能变得"士绅化"。

换句话说,就是那些总是出现在电视里的"精致生活"的人们占领了街区,因为这是他们向往的街道。但是先别忙着批判——不是所有的士绅化都没有价值,如果规划目的就是为了在荒芜之地塑造一个新地标、新景点,那么这可能是一个成功的项目。但如果每一次改造升级都驱逐了最初在这片街区生活、工作的人群，那么这个项目的出发点就值得再次审视。

这些矛盾也让我们回过头来思考之前一直被人诟病的"土气游客街区"——你可能会立刻举出几个熟悉的"城市名片"案例，当地的文化阶层对此可能会不屑一顾：先是文青打卡，然后它们就变成了旅行小商品销售市场，成了游客在这个城市的必去之处。可如果你从另一个角度思考——它确实解决了最基本的需求问题：提升这个街区的经济活力（有什么比到现场买旅行纪念品更好理解的刚需呢），解决了当地部分就业问题（小商贩就是自营业主，餐厅、小商场里也会招募打工人员），成为城市可以对外宣扬的旅游目的地（有多少城市希望靠旅游带动服务业与零售业啊），这时候，这些看起来不那么协调的案例，似乎也有了些说服力。

这时候，一个有趣的例子是东京的晴空塔（TOKYO SKYTREE）项目。在城市地位上，你可以把它也对标成"城市名片"，这个晴空塔本身是电视信号发射塔，游客们很喜欢跑上去俯瞰东京。但只要你去逛过它的底层商铺，你就会有不一样的发现：除了游客，本地居民也很喜欢逛这里。它到底做了什么，既不丢失观光客，也让当地人愿意反复拜访？

还是那句话，看看这些项目的运营与发展吧。只要它们能够存活下去，就有继续改进的空间。倒是美丽的空城，才是最危险的信号。

3 / 不可能一直都有新点子，也不是所有的模仿都只能归类为抄袭。问题是，当你发现那些好的经验可以学习的时候，衡量要素千万不要太单一。

这就是我们在开始说到的网红店千篇一律的问题——现在连消费者都开始吐槽身边不断重复的"ins风"了。不是所有的书店都一定要像茑屋或者诚品，也不是所有的购物中心都要标配一个食品广场。

我们的想象力，还是不要只停留在"发生了什么"，而应该多思考"为什么要这样"，以及"如何实现这样"。就好比，我们这次 mook 里介绍了东京日比谷中城，这个新型商业空间里面，有两个比较有代表性的小型混搭试验店，一个是雷克萨斯汽车做的结合杂货销售与餐饮的体验店，一个是由书店发起，综合居酒屋、杂货店、理发店、服装店、眼镜店的融合空间。

论形态，都太容易抄了。看看那些组成部分——餐厅、杂货店、书店什么的，没有我们不熟悉的东西。但问题是，塞一个组合复制品，能让人持续拜访吗？是否持续，本质上是个商业问题，是生意。我们刚刚说的各种要素：颜值、动线、选址、选品、价格、定位……都不过是把生意拆分出来看，但如果只强调这些衡量标准的某一个部分，配上情怀或者故事，那就只是营销而已。

我会建议大家看看 mook 里几个和酒店有关的例子。在这个领域，成功者已经有足够的运营经验，但还是出现了挑战者与创新者，比如 Ace Hotel，然后它也有了模仿者，这些模仿者怎么在自己的地域结合自己的本业玩创新？你觉得这是噱头，还是真的有所创造？

也有理想主义者，只把这些新空间尝试当成试验，他们也是到处拜访，看到了很多新的混搭尝试，看起来生意不错，所以想学学看。那么，我要请他们去看看跨界做酒店的 hotel koé，这家公司所属的集团是做服装生意的！公司老板也会说目的不是盈利，那他为什么要在东京涩谷一流地段开一家这么大的酒店呢？你会发现，即便是不以盈利为第一要务的项目，也有自己考核的 KPI，那些才是符合整个公司最终目的与利益导向的东西。

每次做完一个主题的 mook，我们似乎都比其他关注生活方式的媒体要显得焦虑一些。我们希望，读者们不仅可以从我们的报道与分析中看见那些值得借鉴的经验，也能有自己的思考。毕竟，我们的核心目的，还是和中国的年轻人一起建立属于自己的生活方式。在此之前，必须了解什么是"好东西"，有什么经验与教训，既不"键盘"，也不盲从，你才能有对自己喜欢的生活方式的判断。

新商业空间本身就是个综合话题，它早已超过了已经炒得很热的"新零售"概念，涉及城市规划、地域活性化、建筑与设计、商业运营管理等多个理念。也因此，我们希望，关心这些领域的人们，在观察自己身边的店铺、街区乃至城市为什么会变成现在的样貌时，可以从此多一个分析视角；也希望在这些领域里有能力与资源改变我们生活的人与组织，可以更深入地了解更多已有的经验，真正了解居民与消费者的需求，让我们拥有更好的店铺、街道与城市。

愿我们真正有街可逛。Ⓜ

· city block ·

PART 2

•

我们想拥有一个什么样的街道

开发商、政府、居民，规划师、建筑师、设计师、学者……
如何统合这些不同的声音？街道为谁而造？

Photo | 赵慧

如何将街区
营造变成品牌？

by／杨丁　photo／杨丁

一个是在通过多幢建筑
塑造功能复合的活力街区，
另一个是在一幢塔楼内
垂直划分空间、
营造创新商业形态。
看看三井不动产
如何通过两个规划案例、
塑造新型商业综合空间。

东京是一座不断"繁殖"新事物的城市，其中就包括近年来不断出现的新型商业综合体。

保持了与地下铁空间便捷融合的特色，新的商业综合体更加舒适宜人，更开放，也包含更多内容。其中人气颇高的两座商业综合体，是 2007 年开业的东京中城（Tokyo Midtown），以及 2018 年开业的新星——东京中城日比谷（Tokyo Midtown Hibiya），两座综合体共同构成了"东京中城"这一明星品牌。它的拥有者是日本三井不动产。

东京中城位于艺术气息颇浓的六本木地区，而东京中城日比谷则紧临着奢华名品店与高档商场扎堆的银座街区。两座商业综合体非常不同，但各具特色。东京中城商业购物空间与艺术、绿色空间紧密融合，六幢建筑体形成商业、办公、酒店、公寓、艺术与园林功能复合的活力街区，东京中城日比谷则在一幢塔楼内垂直划分空间，希望为东京的年轻人提供更开放宜人的购物空间与更具活力的人气商业业态。

01
东京中城：
全球建筑师都想拜访的东京地标

东京中城把"日本设计走向全世界的发源地"作为自己的目标。因其豪华的规划设计团队，它也被誉为"全球建筑师都想拜访的东京地标"。

和六本木其他商业综合体一样，东京中城重视艺术设施。位于东京中城拱廊街（Galleria）4 层的三得利美术馆（SUNTORY MUSEUM of ART），与不远处的国立新美术馆（The National Art Center）、森美术馆（Mori Art Museum）构成了六本木区域的"艺术三角"。

日本建筑师安藤忠雄设计的 21_21 DESIGN SIGHT 美术馆也坐落在东京中城西侧的绿地中。此外，漫步在艺术与文化交织的东京中城商业空间中，时不时就会看到一座后现代艺术雕塑，安放于拱廊街空间尽

01

端，或是布置在入口门厅、中庭，以及广场（Plaza）。

"我们希望通过东京中城，让东京成为日本、亚洲甚至是全球的商业及文化创意中心，并成为向海外推广日本价值与日式美学的枢纽。"三井不动产代表董事兼主席岩沙弘道在东京中城开业典礼发布会上这样说。

东京中城是由东京三大财团之一——三井不动产主导，联合五家公司共同在六本木地区开发的城市综合体。与开业后的人气鼎盛不同，东京中城在开发建设之初也曾面临重重问题。

东京中城旧址位于原日本东京都防卫厅，

02

2005 年，当原政府搬迁后，东京都政府以"有效的土地再利用"为主题，希望对街区再开发。

但留下的场地充满矛盾。这个地块在东京六本木核心区，要知道，在开发利用密集、寸土寸金的东京市中心，这样集中、足足有 10 公顷面积的国有土地，可以说极其珍贵，尤其是对比隔壁的六本木之丘（Roppongi Hills）——在建设启动前，为了整合 11.6 公顷地块统一开发建设，六本木之丘的开发商森建设株式会社花了足足 14 年的时间与各个私有土地业主沟通协调。

另一方面，场地虽处在六本木地区的核心位置，但由于政府部门安全问题，多年来周边街区发展受限，人气不足，而隔壁步行一刻钟距离的六本木之丘城市综合体已

开业运营两年有余。摆在东京中城开发商面前的问题太多了：如何打破街区隔绝、森严的固有印象，为街区带来人气与活力？如何找到与六本木新城之间的不同？除此以外，10 公顷的土地里，还包括江户时代遗留下来的、面积 2 公顷的毛利宅邸花园，东京中城该如何处置原有场地？

"东京都港区规定，开发公司有义务建设一定比例额民用住宅，我们在超额完成这一任务的同时，还参考在此居住与工作的人口以及来往人流量，来决定商业设施如何合理设置。"三井不动产东京中城事业部部长山本隆志说。

2005 年东京中城项目伊始，三井不动产制定了三个开发方向——功能混合多元化（diversity）、服务真诚（hospitality）、徜徉绿色（on the green）。对此，纽约 SOM 建筑师事务所提出了东京中城项目地块总体规划方案。

规划方案直接体现了三井提出的"功能混合多元"以及"徜徉在绿色中"这两个开发建设原则，10 公顷的用地中，建筑综合体功能混杂，集中位于地块东南部。西部和北部则是线条流畅的绿地空间，绿地率达到 40%，在城市综合体开发项目中算是相当大绿化面积。北侧规划保留了毛利家族宅邸庭园，这个庭园自江户时代便静静坐落在六本木，如今，它被改造为整体氛围更安静的"桧町公园"，以池塘、溪涧、日式精致的庭园植物搭配，继续静观四季变化。

01/21_21 DESIGN SIGHT 美术馆。
02/桧町公园。

规划还另外划定 2 公顷用地来做绿色开放空间——中城花园，原东京都防卫厅场地中的 140 棵古樱花以及银杏被保留移栽到了新的绿地中，21_21 DESIGN SIGHT 美术馆就坐落在流线顺畅的绿地中，在夏天，人们喜欢在开放热闹的中城花园休闲放松，因此，三井公司也联合日产汽车，特地为东京中城提供了两台流动服务车——21_21Q，售卖小吃与饮品以及一些创意商品。夏季会开设临时的中城花园咖啡，周末还有现场音乐会。

项目建成后，六本木地区这 4 公顷集中绿地，既是见证城市变化的记忆园林，也成为服务六本木街区周边居民、珍贵又充满活力的公共绿地。

建筑综合体以中城大厦为核心，五栋建筑相互联系，共同形成了功能混杂的城市综合街区，体现了功能混合的核心原则。里面有高级酒店、商务办公、医疗健康、公寓、及艺术展览等多样的功能；建筑及地下一层联通空间则结合了地铁站点布置了拱廊街和广场两处商业空间。

摩天塔楼是整个项目的标志核心建筑，由 SOM 建筑事务所设计，并且，这座高达 248 米的塔楼后来居上，超越六本木之丘"森 Tower"及东京都厅舍，成了六本木地区新的制高点，排在东京晴空塔（TOKYO SKYTREE）之后，是东京都内第二高的摩天大楼。

不同于六本木之丘"森 Tower"将顶层开辟成为观光台，混和了酒店和办公等功能的东京中城大厦，把顶层留给了丽思卡尔顿酒店的城市观景房。不同于六本木之丘针对观光客的倾向，东京中城的企图心更

多，希望能迎合包括高消费人群在内的不同受众，提供艺术、生活、零售、办公等功能混合的体验。

面向主街道的三栋建筑功能多元，融合了商业休闲、商务办公、艺术展览等职能，而东南角是相对独立的租赁公寓楼，由操刀表参道网红建筑 LV 大楼的日本建筑师青木淳及日本建筑研究机构坂仓建筑研究所共同完成。

在他们的规划中，建筑综合体与绿地之间，空间与视线之间相互渗透，形成了一个建筑与园林融合的空间，让人真正"徜徉"在绿色中。同时规划利用场地高差，梳理出人行与车行分离的立体交通体系，布置了多处廊桥，人们可以安全、便捷地从东京中城综合体内，到达西侧的中城花园和北侧的桧町公园。同时 SOM 公司巧妙规划了酒店与办公动线、居住动线、休闲购物动线，功能混杂但彼此互不干扰，为不同的人群友好提供了各自的空间。

东京中城对市民开放的区域包括商业零售空间——拱廊街与广场，以及室外绿色空间——中城花园与桧町公园。

拱廊街是沿街西侧建筑，也是靠花园的一侧。东京中城商业设施的室内设计采用暖色系色调，以体现日本传统美的木与纸的结合来创造质感。4 层空间中庭开放通透，主要是名品店购物区。拱廊街西北区域形成了 4 层美食聚集地，各类特色餐厅聚集于此，而建筑设计交错的阳台花园也成了各间餐厅的观景就餐区，再次打破了建筑与园林之间的界限。拱廊街 5 层是颇有特色的 billboard 音乐厅，布置成为剧场的形式，客人在观众席就餐，中间舞台上则

东京中城——billboard 餐厅。

会请来乐队表演。舞台背后更加巧妙，是建筑北向的一整面玻璃幕墙，打开幕帘就可以欣赏到中城花园，以及东京美丽的夕阳景色与夜晚风光。

三得利美术馆就位于拱廊街 4 层。三得利美术馆开馆于 20 世纪 60 年代，收藏了3000 余件日本古董、工艺品，秉承发现"生活中的美"之理念，企划展示绘画、陶瓷、漆工艺、玻璃、漆织等日式工艺。在经历了两次搬迁之后，三得利美术馆落位于东京中城内，室内由隈研吾设计，融合日本的传统形式美和极简风格，试图营造"和式摩登"的氛围。

相较于偏传统的拱廊街，东京中城的广场以其联通性与开放性，成为整个东京中城最具人气的商业零售区域。广场地表部分是建筑集群中央广场，成了室内与室外的交融空间，几座大型钢化玻璃结构的叶片顶蓬，更加强化了"广场"的空间概念。地下一层向西连接拱廊街，因为场地高差，人们可以顺畅进入中城花园，巨大的玻璃幕墙，成了西侧的一面画框，对景正好是21_21 DESIGN SIGHT 美术馆，为了与这么美的画面相匹配，室内外都留出大面积的公共休息区，为人们提供了一处可以坐下来悠闲喝杯咖啡、与朋友聊聊天的地方。沿着广场向西南，可以通向东京地下铁空间，两侧是咖啡屋、面包铺以及创意手工铺等更具生活性与休闲性的店铺。为了服务在东京中城办公的职员以及住户，这里还引入了一家超市。

经过两年高速高质量的规划与建设，东京中城于 2007 年 3 月对外开放。东京中城具有独特的基因，发展出集合购物、美术馆、绿地、公寓、酒店、办公多样化混合综合体，配套完善的新生活街区，也吸引了富士胶片、优衣库母公司迅销等日本知名企业入驻东京中城办公。

建筑师安藤忠雄曾说："日本以经济强劲闻名，我们希望向世界展示另一面，那就是设计与美学。"

正如三井不动产主席岩沙弘道所期待的，定位为"日本设计走向全世界的发源地"的东京中城，成立了艺术机构——东京中城设计中心（Design Hub），希望通过这一聚集各类事物的平台，将日本的美学观念传至海外。东京中城设计中心与各类设计机构开展合作，通过设计，将"人""商务""知识"联系起来，以举办展览会和研讨会、进行出版等形式发布信息。同时，每年它都会评选设计奖（Tokyo Midtown Award），得奖作品会在东京中城展出。此外，日本优良设计奖（Good Design Award）的主办方——日本设计振兴会也将办公室设在这里，东京中城也成为每年优良设计奖举办设计展与颁奖发布会的固定场地，成为东京的艺术和设计文化资讯发源地。

东京中城地块西侧的艺术机构 21_21 DESIGN SIGHT 美术馆在设计与企划上可谓是全明星阵容，美术馆建筑由安藤忠雄设计，而设计与展览策划总监则请到了三宅一生、佐藤卓和深泽直人。这里的展览着眼于日常，试图洞察生活所需，希望能进一步发现并预见未来的设计。

东京中城开业后，以其出色的商业内容企划、开放绿地公园、便利交通连接、艺术展馆等属性，迅速聚集起人气。开业一年就吸引了 3500 万人次的顾客。商业区一周年全年营业额将近 306 亿日元（约合

18.87 亿元人民币）。

它的艺术领域也不仅仅只有名声，三得利美术馆每年有 70 万人到访，而 21_21 DESIGN SIGHT 美术馆则每年吸引约 20 万人到访。

东京中城也成为三井不动产在城市综合开发领域的重要品牌与开发模式。没多久，东京日比谷地区就开发建设了第二座"Tokyo Midtown"——东京中城日比谷。

02
东京中城日比谷：
商业空间可以有哪些新尝试？

相较于第一座东京中城，东京中城日比谷的场地基因也发生了变化。但它延续了六本木东京中城功能混合多元化、服务真诚、徜徉绿色的三个开发方向，以及向世界传递"日本的价值"开发愿景。只不过，在更有国际舞台背景的日比谷区域，东京中城日比谷的开发目的更倾向于开发"日本价值"，创建一个结合"国际商业、艺术、文化、自然环境"的城市综合体。

这要从日比谷地区的特殊历史背景说起。19 世纪 60 年代末明治维新后，充满进取精神的日比谷便成了引领日本的现代化区域，许多大使馆和领事馆都在此选址，也带动了区域文化艺术配套建设。明治政府用于接待外交的社交场所、被当作文明开化象征的鹿鸣馆也建于此地。

日比谷地区剧院、电影院林立，不仅是日生剧院、东京宝冢剧场，许多大企业也将自己的大楼修建在日比谷，而东京中城日比谷现在的场地原先正是三井不动产自家的

Case 1 东京中城

TOKYO MIDTOWN HIBIYA

01 / 东京中城日比谷——建筑入口。
02 / 东京中城日比谷——屋顶看台。

三井建设大楼以及建于昭和时代初期的三信大楼。由此，日比谷地区逐步成为日本的国际外交基地，同时也是具有文化艺术基因的城市区域。

到了 2014 年，日本内阁府规划日比谷地区为东京都第一个国家战略特区，期望建设日比谷地区成为国际知名的商业中心。因此，千代田区政府联合三井不动产对场地再开发，国际化的平台以及这块区域具有的文化与艺术基因，恰恰相当契合东京中城的品牌理念。

虽然东京中城日比谷场地本身面积有限，

但周边景点与旅游目的地扎堆，西侧隔一条马路就是号称"东京中央公园"的日比谷公园和皇宫外花园等深受东京市民喜爱的绿地，南侧紧临著名的东京宝家剧场，东侧步行 10 分钟路程，就是奢华名品店与高档商场扎堆的银座街区。

将东京中城日比谷与周边绿色环境、多样的城市功能融为一体的方式就是地铁。东京中城日比谷开发了面积约 1200 平方米的"日比谷拱廊"（Hibiya Arcade）地下广场，新建了一条连接日比谷线日比谷站和千代田线的新地下通道，这种开发是典型的以公共交通为导向的"站城一体化模式"（TOD）。从日比谷拱廊地下广场也可以直接到达东京宝家剧院。

不同于六本木东京中城，东京中城日比谷由于占地面积有限，更倾向于垂直划分空间功能。建筑地上 35 层，地下 4 层，将近 200 米的高度，已成为六本木地区，乃至银座地区的另一处制高点和城市标志。地上 5 层作为商业售卖与服务空间，表面延续西洋风建筑风格，采用石材装饰，与塔楼钢结构玻璃形成区分，同时也延续了场地记忆。

此外，三井不动产响应东京都政府推出的容积率补偿政策，将多处绿色空间与空中庭园融入了东京中城日比谷，建筑外广场上设计了水台阶广场，人们可以在这里喝杯咖啡，也可以漫步进入 2 层商业空间。

2 层建筑北侧与西侧，开辟出带状的阳台空间，结合室内餐饮售卖，提供户外赏景的就餐空间。6 层 BASE Q 空间户外设计有观景平台"Park View Garden"，以及可在眺望日比谷公园的同时就餐的餐厅，朝西正对日比谷公园，整幅面落地玻璃既保证观赏者安全，又提供了宽广的视域。9 层屋顶也设计了相对静谧的庭院栽植樱花。

与附近高档的银座商业街区不同，东京中城日比谷下部 3 层及地下的商业空间给人们提供了一个更轻松的购物环境。

地下部分的日比谷拱廊接入东京地下铁，拱廊两侧主要是咖啡、面包铺等食品与生活服务的店铺，更具有人气，创造市井、喧闹的生活步行道路空间。日比谷拱廊地下广场则成了特色美食聚集地——日比谷食品广场（HIBIYA FOOD HALL）。

地上 1 至 3 层是主要的商业售卖空间；4 层、5 层是拥有约 2200 席的复合式电影院 "TOHO CINEMAS 日比谷"，以 "HIBIYA · 百老汇" 为目标；6 层是东京中城活动企划租用空间 BASE Q，11 层以上则是办公空间。

豪华汽车品牌雷克萨斯的展示店 LEXUS x tokyomidtown hibiya，也是东京中城日比谷商业空间中值得注意的品牌体验店铺类型。比起直接展示汽车，雷克萨斯为顾客们提供了各种日常生活场景，在这里，一家生活方式精品店，一家咖啡厅，以及雷克萨斯汽车融合于一处空间。其中的精品店由雷克萨斯与三越伊势丹百货合办。

另一家创新店铺 "HIBIYA CENTRAL MARKET" 位于东京中城日比谷商业空间的 3 楼，由书店 "有隣堂" 打理企划。它邀请日本 "潮流教父" 南贵之在这个新兴的商场里设计了一个复古空间。整间店铺以 "中央图书馆" 为核心，结合选物、阅读、生活等元素，依次引入了理发店、眼镜店、服装买手店、杂货店、居酒屋、咖啡店、画廊等多种店铺类型。

服饰品牌 Graphpaper 主打 "不做任何额外的事情" 理念，20 世纪四五十年代停产的复古镜框店 CONVEX 也在这里复活了。移动概念店 fresh service 的定位为 "每日使用的便利店"，销售杂货、纪念品、日用品等。位于熊本的家庭烘焙特色咖啡店 AND COFFEE ROASTERS 也在这家店里第一次进驻东京。

中央图书馆参考大英图书馆英伦复古的陈列与装饰意向，陈列的图书也并非畅销书，而是十位参与企划的创意人所推荐的展现不同世界观的书籍。在理发店区域，则是从埼玉县川越市请来了理容室 FUJII 的第

01 / 日比谷中城雷克萨斯展示店里的咖啡厅。
02-05 / 创新店铺 "HIBIYA CENTRAL MARKET" 引入了多种店铺类型。

01

02

03

04

05

三代店主，开出了一家"可以与生活联系的日本理发店"——理容 Hibiya，从店铺装修到理发的技艺和工具都极具昭和风情。有隣堂自身则采取书报亭形式，售卖新杂志和文具，希望人们回忆起每周排队买杂志的生活方式。The Tent Gallery 创造的帐篷内的画廊空间，可以随着展览需求不断改变的空间形式。

这家店铺是有隣堂积极应对传统书店逐渐没落的一次尝试，有隣堂专务松信健太郎认为，必须重新思考书店的定义和定位，"饮食与选品将会是主要的收入来源，这也意味着在未来，书店不仅仅是陈列展示以及销售书籍的场所。日比谷中央市场街的企

划，将书店与多样业态结合，是维持书店运营的一个方向"。

东京中城日比谷也接入了共享概念。6 层的 BASE Q 是一个为创新与互动创造接点的空间。里面既能租赁空间、举办活动，也搭建资源平台，为高端会员推送活动。

位于六本木的东京中城，带动了周边街区的人气，周边常住人口与地价都在不断上升。东京中城日比谷则充分利用周边的环境和资源，发挥最大效益。两座东京中城可以说是一脉相承，不仅各方面资源共享互通，而且通过举办主题活动，让"东京中城"成了东京市中心一个不可忽视的品牌。Ⓜ

属于每个人的
国王十字

by / 姚芳沁

不论是在魔法世界还是现实世界中，国王十字车站都是伦敦最热闹的车站之一。每天有许多《哈利·波特》的爱好者来这里寻找 9¾ 站台。同时，它也是伦敦火车线路的枢纽。一街之隔，还有个圣潘克拉斯火车站，如果你想乘火车往返英国与欧洲大陆，这是唯一的出入口。

尽管身处伦敦市中心，但长久以来，这里除了火车站一无所有。一下车，人们便匆匆改换其他市内交通工具，前往 Soho 和梅菲尔等伦敦市区内更繁华的区域。

一场长达 20 年、正接近尾声的改造改变了这种局面。如今的国王十字正在展现一个酷酷的新形象。它不再只是中转站，而成了伦敦城新兴的时髦社交地——这里有全球最负盛名的时装设计学院中央圣马丁、有 Google 全新的欧洲总部，以及数不尽的隐藏在那些棕色维多利亚砖墙建筑中的潮流酒吧、餐厅和零售店。

150 多年前，国王十字车站是作为英国煤炭运输的枢纽诞生的。某种程度上它体现了维多利亚时期的核心矛盾：繁荣的市场交易和严重的贫富差距。到了 20 世纪 80 年代，煤炭业被英国抛弃。国王十字的名字逐渐和失业、犯罪联系在一起，在 21 世纪初，没人敢在这里独自夜行。

开发商 Argent 在 2000 年拿下国王十字改造项目时，面临的是一个在各个方面都很棘手的挑战：隧道、火车轨道、运河道的交错给规划带来限制，还有众多历史保护建筑，一个天然气调速器安置不当有可能引发爆炸；它还受视野规范的限制，任何新建建筑都不能阻挡圣保罗大教堂的视野，国王十字也在这个区域内，因而不可能建造摩天大楼。再加上这个街区原本复杂的

城市旧城改造中，尊重建筑本身所代表的城市历史文化肌理，维护不同阶级群体的利益需求，还要考虑开发商的商业利益，如何平衡这些很容易产生冲突的目标，国王十字给出了令人满意的答案。

Photo | John Sturrock

简单的推倒重来，
在国王十字复杂的历史
和现实面前行不通。

居民情况，总的来说，简单粗暴的推倒重来在这里行不通。

Argent 在项目启动之前花了大量的时间了解当地的实际情况和历史问题。当时的 CEO 罗杰·马德林（Roger Madelin）曾骑着自行车去采访当地居民，在 353 场会面中，他总共见了 7500 多人。

最后确定的规划，涵盖了 67 英亩（约 27 万平方米）土地、30 亿英镑（约合 264 亿元人民币）投资，将新建 20 条街道、10 个公众广场、2000 个居住单位和超过 5 万平方米的商业空间，总共将聘用 35 名建筑师，预计于 2021 年全部完成。

伦敦艺术大学的入驻是这个庞大计划得以实现的基石。

"如果中央圣马丁当时不确认入驻的话，经济危机肯定早就把我们击垮了。"大卫·帕特里奇（David Partridge）承认。学建筑设计出身的帕特里奇是 Argent 的主管合伙人，也是国王十字改造的总指挥。

位于整个地块中心位置的粮仓大楼，现在是伦敦艺术大学所在地，它由包括中央圣马丁在内的 6 个学院组成，也是全欧洲规模最大的艺术院校。在粮仓大楼南面是一片巨型广场，取名粮仓广场，广场中心的喷泉直接从地平面冒出，每到夏季，大人和孩子都爱在这里戏水，广场南面设计成阶梯，沉入到与之相邻的运河道边，阶梯被铺上绿色的草皮，行人和伦敦艺术大学的学生会在这里聊天、写生，或者干脆躺下来发呆晒太阳。

事实证明，中央圣马丁的学生们，为整个地区注入了活力，也是日后 Google 选择将价值 10 亿英镑（约合 88 亿元人民币）的欧洲总部放在这里的决定因素——它希望靠近这些有着创新思维的人才。

由广场再向南，一直到国王十字火车站，

Photo | John Sturrock

两者之间的区域为办公楼群落，这也是整个国王十字地区改造中面积最大的一部分。由建筑事务所 Allies and Morrison 和建筑师德米特里·波菲里奥斯（Demetri Porphyrios）负责规划。

他们和 Argent 一致认为办公楼之间空间布局的合理性是设计的关键所在，而大楼本身的建筑形态则并不重要，这一理念在当时被知名建筑师扎哈·哈迪德（Zaha Hadid）批评为过于无聊。

"这里已经拥有了众多丰富形态的历史建筑，你不用再造一座巨型夸张建筑。我们希望让这些历史建筑发挥它们自身的魅力，我们要做的就是配合更多的开放空间，来平衡因工业建筑密布所带来的沉重感。"波菲里奥斯说。

建筑师在办公区正中开辟了一条国王大道，通向粮仓广场，这也是伦敦 100 年来第一条新开大道，利用欧洲城市特有的小街巷、小广场把周围的建筑松散地组合在一起。

到此为止，以硬件为主的第一期改造算是完成，但接下来的问题是招商。虽然有了中央圣马丁大学，但它的正式入驻要等到 2011 年，在此之前，要让店铺开在国王十字并不容易。

"一开始人们以为我们疯了，以国王十字当时的名声，要说服公司搬到这里几乎不可能。我们的市场推广战略是不仅要吸引潜在客户，还有潜在客户的客户，让他们改变对国王十字的偏见，觉得这是一个可以开心地工作、生活和娱乐的地方。在改造逐步推进的过程中，我们便把空间开放出来，邀请人们来参与体验国王十字的改造变迁

的历程。"Argent 市场总监史蒂夫·奥尔德森（Steve Alderson）说。

他们选择了一些容易切入的业态，比如街头小吃。在国王大道尚未有商户入驻的情况下，引入了一批临时小吃店。他们邀请伦敦知名的 Bistroteque 餐厅，把一家英国石油的旧仓库改造成时髦餐厅和活动空间，取名"国王十字加油站"。

中央圣马丁正式搬后，艺术和文化就成了重点推广主题。Argent 聘请学生为国王十字创作艺术作品。被这些造型独特的艺术品吸引的人们在社交媒体上发布图片，发起讨论，进一步推动了品牌传播。

2012 年，当 Google 最终确认入驻后，再没有人会怀疑国王十字的潜力了。

占地 9.2 万平方米的 Google 欧洲总部已经于 2018 年正式开工。由当前全球最知名的两大建筑事务所 Bjarke Ingels Group 和 Heatherwick Studio 合作设计，完成后的建筑将有 11 层高，其长度才是令人惊叹的焦点。据说，如果把目前伦敦的最高建筑，310 米高的碎片大厦横过来躺在地上，也没有 Google 的建筑长。

目前已经公布的楼层设计方案中包括了一个巨型的健康中心，里面有健身房、按摩室、游泳池、多功能室内运动场地，此外屋顶花园也由好几层组成，每层都种上了不同主题的植物，并配合了咖啡厅，员工可以在这里欣赏到整个国王十字的无敌景观。Google 计划把其在伦敦的总共 7000 名员工都搬到这里。

"国王十字地区有着极其多元化的建筑形

态和空间，街道、火车站、运河道都在这里交汇，受这些环境的影响，我们在设计Google总部的时候也把它当成是一个基础设施，由一系列可互换的元素组成，让工作空间在面对未来变化时，也能保持灵活性。"托马斯·赫斯维克（Thomas Heatherwick）说。

Facebook也来了。它在国王十字买下了6.5万平方米的办公空间，是目前Facebook在伦敦容量的三倍。Facebook会把国王十字作为未来的增长项目，而不是把已有的办公室搬到这里。"他们现在还没有那么多人能填满这个办公室，他们需要留在伦敦，因为这里有最佳的科技人才，因而他们得找一个很酷的地段。"一名知情人士对《泰晤士报》说。

Photo | COS

完整的社区改造少不了购物和零售空间。国王十字的购物中心，是由废弃的卸煤场改造而成。改造之前的卸煤场由两座19世纪维多利亚时期的工业仓库组成，它们主要用来存储和运输从英国北部通过火车运往伦敦的煤。20世纪90年代，以Bagley's和The Cross为代表的一批传奇夜店以这些工业仓库为据点火爆一时，但之后的大部分时间里它们一直处于被遗弃的状态。

"这两座仓库固然很美，但从建筑改造再开发的角度来看却是很大的挑战。它们很长，间距也很大，你站在一边很难看到另一边建筑内的样子，建筑结构就像是两座高架桥，因为它们在设计之初就是为了方便运煤火车进出，而不是为人设计的。"负责卸煤场改造设计的赫斯维克建筑工作室项目负责人塔姆辛·格林（Tamsin Green）说。

赫斯维克的改造方案是为两座看似割裂的

建筑加盖了一个盘曲的屋顶，看起来就如同这两座建筑自然延展结合在一起，也为原本无交集的两座建筑设立了一个中心汇聚点，人们在这个屋顶下也能自然地集中停留。

为了减少这个"人"字形的屋顶相较于原始建筑产生的突兀感，屋顶所覆盖的蓝灰色的板岩采自一家来自英国威尔士地区的采石场，与两个世纪前所建的原始建筑使用到的采石场为同一家。新建屋顶与地面的隆起部分作为整个购物中心的正中心位置，将会开设一家三星概念店，三星会在这里通过定制的体验展示他们最新的技术。

除了这个大胆的改造本身，这家购物中心也想从商户选择上创新。卸煤场购物中心拥有9000多平方米的商店和餐饮空间，它们分布在中央广场两边原始的平行建筑内，总共包括了50家概念店、酒吧、餐厅

Photo | COS

Photo | COS

把仓库改造得漂亮不难，
但在里面卖东西，
并且持续吸引顾客，
却并不容易。

以及可以用来作为工作室和论坛区域的公
共空间。

Argent 为卸煤场购物中心设定的目标是每
年能吸引 1800 万的客流，在整个实体零
售行业都不景气的当下，他们必须做出一
些新的尝试。"你很少会看到 COS 会和一
家不知名的全新品牌放在一起，我们的调
研发现人们希望在购物时会有意外惊喜的
感觉，能发现一些新的东西。"Argent 合
伙人、资产管理总监安娜·斯特朗（Anna
Strongman）说。

Argent 在挑选进驻品牌时，首先看它们
是否愿意成为整个国王十字社区作为技术、
文化和创意中心的一员。在生活方式概念
店 Bonds 里，消费者可以坐下来喝杯咖啡，
或是购买店内收藏的由独立设计师设计的
产品，还可以参与店内的手工蜡烛制作课
程，与设计有关的趣味讲座也会不定期在
店内举行。

即 使 是 Paul Smith、COS、Aesop 这 样
的知名品牌，也都为卸煤场购物中心专门
设计了独特的零售概念。

以 COS 为例，它把卸煤场购物中心的概
念店视为一个平台，展示年轻艺术家的艺
术作品、独立健康品牌的美容产品和一些
罕见的艺术出版物，它们占据的陈列空间

甚至超过了 COS 自有的服装产品线。这也是 COS 在全球首次推出此类零售概念。COS 还邀请艺术家保罗·考科斯基（Paul Cocksedge）在店铺橱窗内设计了一个装置，将天然石块悬吊在光圈下，在重力作用下拉扯出不同的造型，意图探索自然和人工材质的组合。

COS 的创意总监卡林·古斯塔夫松（Karin Gustafsson）表示，COS 每年在米兰设计周上都会与艺术家或是设计师合作推出装置，为品牌赢得好感，卸煤场零售店的概念正是受它的启发。"COS 一直以来都很受艺术和设计的影响，这是我们的创作之源，所以对我们来说，支持能为我们带来灵感的社区，是一件很自然的事。"古斯塔夫松说。

"在国王十字，我们很注重容纳不同人的需求，对于零售体验来说，我们也希望每个人在这里都能找到适合个人价位需求的产品，即便是一些奢侈品品牌，我们也会要求它们在店内出售一些每个人都买得起的东西，我们不希望购物中心像个博物馆一样。"斯特朗说。所有这些都是为了让卸煤场购物中心与整个国王十字开发项目一样，具有足够的包容性。

卸煤场购物中心还会特别照顾中央圣马丁毕业生的创业品牌。比如由中央圣马丁毕业生创立的包袋品牌 Lost Property of London 就被选入进驻卸煤场购物中心。还有一些小空间支持按月出租，帮助艺术学生毕业后在这里创业，无须一下子签订长期的租赁合约。

在卸煤场购物中心的最南边，沿着运河道，完整地保留着一座维多利亚工业建筑，现

在成了英国著名设计师汤姆·迪克森（Tom Dixon）的办公室，他直接把这个办公室取名为煤矿办公室。迪克森把它看作一个展厅、聚会场所、餐厅、艺术和手工学校，当然还是有员工坐在电脑前工作，但那是办公室最无聊的部分。

迪克森以家具和灯具设计为主，其经典设计包括镜面太空球吊灯、金色泡泡吊灯和黑泽吊灯，这些灯具不仅受到众多人气酒吧和餐厅的青睐，还被全球知名博物馆收藏。

走进煤矿办公室，裸露的红砖墙内，夸张的灯具从高高的屋顶垂吊下来。在整个1600 多平方米的空间内，几乎所有的家具都由迪克森本人设计。"我觉得在这个时代，你需要尽早向人们展示你的设计理念，并向他们介绍制作过程。当然行动速度也很关键，你需要有一个空间，你可以在这里做东西，然后有顾客走进来刚好想买这个东西，我就可以立即卖给他。"迪克森说。

于是迪克森在煤矿办公室内设立了一家开放式工厂，员工可以在这里动手制作新的家具样品，行人也可以进来参观，甚至亲手制作灯具。

在一层零售空间的中心位置，迪克森会邀请一些手工匠人和小公司，以及中央圣马丁的学生与公众分享合作项目。有学生在这里教陶艺，甚至腌菜制作，多余的一罐罐的腌菜也不会被浪费，它们被送进煤矿办公室厨房，成为人们餐桌上的美食。

喜欢在餐桌上开会的迪克森把在办公室内开设餐厅的传统带到了煤矿办公室，邀请伦敦知名厨师阿萨夫·格拉尼特（Assaf Granit）担任主厨，餐厅露台正面对着卸

煤场购物中心。迪克森喜欢通过餐厅来测试他的产品，2020 年他的一套新椅子也会率先用在餐厅内。

卸煤场购物中心再往西，储气罐住宅项目也在 2018 年年初正式完工。储气罐是城市燃气输配系统中储存和分配燃气的设施，一般为圆柱形建筑。国王十字的 3 个巨型储气罐是英国二级历史建筑，代表了维多利亚时代工程水平的工业建筑，现在被改造成了 145 套豪华公寓。为了保持原有 3 个铸铁储气罐的外观框架，它们被整体拆卸下来并运送至英国约克郡的蟹浦利镇（Shepley），资深修缮师将拆卸下的部件精心修复、加固、上漆，再运回国王十字重新装配起来。单单修复 123 根铁柱就耗时至少两年。

对历史建筑修复的精益求精固然值得称赞，但完成后的储气罐作为起价就要 81 万英镑的豪宅项目，也受到人们的指责。"很遗憾看到这些城市的公共遗迹，被开发成高端项目，其服务和设施都是为那些受过高等教育的有钱人所设计的。"伦敦大学学院城市规划课程讲师迈克尔·埃德伍兹（Michael Edwards）说。

旧区改造中的"士绅化"可能无法避免。不过国王十字的改造已经试图维护公平。整个改造过程包含 2000 套全新住宅，其中半数会是廉价房，当地还新增了就业培训空间、社区花园和照明运动球场。换个角度看，改造后的国王十字，40% 的面积都是公共空间，要知道它们在过去都是不对外开放的废墟。

英国《卫报》评价国王十字的开发为旧城改造提供一个模板，即由开发商牵头，与地区政府及社区紧密协作，用丰富的公共资源和投入来提升整个社区的生活质量，实现不同社会阶层的融合。开发商在这个过程中成了事实上的市政当局，尽管他们还是需要考虑商业利益。

在伦敦，甚至英国任何一个城市，很少能看到一个开发项目把社会性的目标摆在如此高的地位。一座座奢华的摩天大厦在城市开发中拔地而起，相比之下，你不会在国王十字看到这种傲慢，公共利益和商业利益的彻底平衡或许难以做到，但国王十字的尝试已经颇为稀有。 Ⓜ

Photo | Argent 01

Photo | Aitor Santome 02

01-02／建筑师汤姆·迪克森把卸煤场购物中心旁的一幢维多利亚式建筑改成了自己的办公室，取名为煤矿办公室。

从老字号、设计周到大商场，
一个不断尝试突破的街区改造试验

by／许冰清

简单的"拆迁改造"模式无法应用在大栅栏，
它尝试走出一条新的旧城改造路径，
在满足原住民、开发商、政府利益的同时，
让旧街区重拾活力。

初到北京的城市探索者，他们的路线可能会不自觉地与一条宏伟的中轴线重合——由北至南，依次是奥运时期所留下的地标建筑、市井气十足的胡同保护区、集聚文化精华的古代都城，以及共和国引以为傲的广场建筑群，时空的概念、连同许多故事在这里被折叠在一起。

位于中轴线南端的前门区域，可能与上述这些地方一样令人印象深刻。从元代到清代，"前门大街"的前身都是连通全国政治中心的皇宫内城、与市民阶层中心的北京外城的通衢"千步廊"，其绝佳的地理条件对于商业资源有着天然的集聚效应。至于更吸引人的活力，则被藏了这条街西侧的社区腹地内。

沿着前门大街上样板似的店铺走上几百米，目光会不自觉地被吸引到一扇以复古花藤纹样缠绕出的墨绿色铁艺门栅上。想象中的那种能调动所有感官的热闹，也只有在跨过这座被称为"大栅栏"的门廊之后，才会突然复苏。

"栅栏"是明代就在北京城社区内出现的公共设施，用以辅助各条街巷胡同管理治安，"大栅栏"区域内的主要街道"廊房九条"，也是其中之一。在明代小说《长安客话》中，大栅栏就已经脱离了普通"胡同"的概念，成了一个"天下士民贾各以牒至，云集于斯；肩摩毂击，竟日喧嚣"的地方。在清末的全盛时期，这里曾有店铺 80 余家，且家家都是名店老字号。"大栅栏"名之"大"，也是因为这些有头有脸的货号集了资，建了一个更气派、宣传与防盗功能兼备的门面。

时至今日，老字号依然是大栅栏主街上最重要的商业景点。这里有 300 多年历史的

改造后的北京坊，有些类似上海的新天地，与原住民关系不大。

止要依靠产品质量和服务意识抢占市场格局，其中佼佼者更是独创了现在看来都十分先进的商业方法论。比如内联升的"履中备载"，记录了所有关键客户的鞋靴尺码、布料喜好，是一种 VIP 客户管理的理念；同仁堂的店铺设计采用下沉门庭，病患进门求诊时心情"每况愈下"，拿药出门时上台阶则是"步步高升"；"张一元茶庄"的门面高大敞亮，人在街面行走就能闻到店里的茶香；"瑞蚨祥"则用天棚引入了自然光，方便顾客辨识绸布的实际颜色。

但从 20 世纪 50 年代开始的"公私合营"，将老字号在品牌层面的这些商业魅力一次性褪净，重新打回"商品"的层面。改革开放后，拿回品牌的商户已经脱不开国企时代的管理模式，以及政府的保护。在这样的背景下，老字号的商户价值，在如今吃穿用度都已高度工业化生产的冲击之下，到底能还留存下来多少？近些年外界的相关质疑和争议已经太多。

一旦走出老字号，在各种旅游城市随处可见的廉价纪念品和小吃就会再次将你包围。这些更会利用客流量和位置优势的商业形态，都热衷于在这条商业街上实现另一次"劣币驱逐良币"。

供奉皇家御药房"同仁堂"；有官靴店"内联升"；有绸缎庄"瑞蚨祥"；有天蕙斋鼻烟铺、豫丰烟铺；有张一元、东鸿记茶庄；有聚庆斋饽饽铺、厚德福饭庄；还有广德、三庆、庆乐、大观楼等戏园、电影院⋯⋯在讲究顶级服务的"大雅"中，穿插着市井生活的"大俗"，这种不偏袒的中庸状态，算得上是北京城独有的戏谑搭配。

在清代的品牌关键生长期，这些老字号不

这也是为什么北京本地的年轻人断然不会到大栅栏购物逛街，他们更热衷于将难得的周末时间用在三里屯、芳草地、西单等新兴商业体内。

廉价的商业街不是大栅栏的全部。区域内剩余的那些胡同、居民和他们的花花草草，几乎都像被定格般，处于一种尚未改变的"中间状态"，没有参与周围的兴盛或衰败。商业的活力并未渗透至这片社区的深处，是有原因的。2005 年北京市社科院公布的《北京城区角落调查》，对于当时大栅栏社区的状况有过一些感性的数据统计：57551 位常住居民中，60 岁以上的达 9914 人，占 17%；残疾 963 人，失业登记 4427 人，社会低保 1946 人；工商登记个体经营行业 729 家，90% 为小餐馆、小旅馆、小杂货店、小发廊、小歌厅。某住户 3 口住房仅有 4.8 平方米，女儿出生后父亲只能睡在躺椅上过夜；街巷狭窄，最窄的钱市胡同只有 82 厘米宽……

在规划层面，大栅栏的状况一度也被认为难以回旋——由于社区内核心的 1.26 平方公里区域已在 2002 年被划入《北京旧城二十五片历史文化保护区保护规划》中的保护范围，不管是拆迁、翻修还是改造，都面临政策层面的限制。同时，政府与开发商都难以承受这片离天安门直线距离不到 2 公里的区域内的拆迁成本，更不用说拆迁开动前需要厘清的违章搭建、人户分离等一系列困难。

作为大栅栏地区整体改造的实施主体，北京市西城区政府下辖的国资企业广安控股是这些麻烦的集中承受者。在大栅栏地区，广安控股一度划定了两块重点开发地区，对其中更靠近天安门、面积稍小的 H 地块，采用了传统意义上的征地、拆迁、新建模式，计划做成街区式的购物中心。但不出意料，广安控股在 H 地块改造的运作前期，就在拆迁成本和社会舆论两端受到了巨大的压力，对于改造范围内的更大的 C 地块，他们必须给出新的解决方案。

针对大栅栏社区的改造压力，广安控股曾经算过一笔账——大栅栏 1.26 平方公里内的 4 万户左右居民，全部搬迁可能需要近

千亿资金，这是难以承受的压力。唯一可行的，是"自愿腾退"的方案：是否搬迁完全尊重居民的意愿，搬迁可以货币补偿或者定向安置房补偿；腾退后的物业空间统一管理，对建筑按质量分级之后，引入新的业态以活化空间。

2009 年，一个名为"大栅栏更新计划"的平台型运营方案终于被提上台面：将大栅栏作为一个"城市舞台"，并引入各种各样能够吸引注意力，并对社区生态产生"正反馈"的资源；以强有力的"节点项目"和大型活动为契机，给社区生长的空间和时间。

将"大栅栏更新计划"称为"平台型"方案的原因是，以往主导城市开发的政府和开发商在运营这一计划的过程中，只起到先期的资源引导作用。而包括城市规划者、设计师、商业公司、社会学者、原住民、游客的多方需求，都被放到一起去，以便在更全面的信息条件下制定规则，并由平台方跟踪执行过程。

01-02 / 如何保护原住民的利益，是大栅栏改建的核心问题。

01

02

针对改造物业资源的梳理，也采用了比过去循序渐进得多的方式。"居民意愿的不确定性导致空间的不确定性，而空间的不确定性导致改造出什么样子、引入什么业态都很难刚性规划，所以这种更新是很软的。"原"大栅栏更新计划"负责人贾蓉表示，"也正是因为完全自下而上的市场自发模式，和完全自上而下的政府统一规划模式，在大栅栏地区的项目中都受到了挑战，所以决心希望探索一个新的模式。"

经过 3 年的尝试，"大栅栏更新计划"在 2011 年的北京设计周上拿出了一个街道的样板案例"杨梅竹斜街"，并在之后的每一年都成为北京设计周的主要活动场地之一。每年在同一个区域内能吸引到更多年轻人眼球的，还有一批明星设计师在大栅栏社区内中所做的一系列概念化改造，比如将预装模块安置进四合院的"内盒院"、微型

公共住宅"微胡同"，以及由原研哉设计的"大栅栏社区导视系统"等等。

之前只做电商销售渠道、主攻江浙市场的新家具品牌"吱音"，就是在 2015 年的北京设计周上，看到了"杨梅竹斜街"的潜力。"当时街上其实已经有了几个固定的品牌门店，扎堆在一起，但在设计周的那种氛围里，就一下子觉得胡同特别棒。正好逛的时候在那条街上又看到了一个 50 平方米左右的小空间，特别希望北京的消费者也能在线下空间里接触到我们，至少先有一个对话的窗口。"吱音创始人杨熙黎表示。

"吱音"所代表的，是"大栅栏更新计划"在区域里最希望引进的一类"领袖型的、具有号召力的"A 类品牌。相应来说品质稍差的 B 类、C 类品牌，在大栅栏社区的招商引资过程中，都不会享受到 A 类品牌那

样的长期租金优惠。

即使是这样，在吱音改造自己的这第一个
线下门店时，依然经常要打着政策的"擦边
球"操作——想刷纯白色的墙，结果被告
知要用与社区风格统一的灰色；外立面必
须贴砖纹样式，为了和别家不一样，只好
将横贴改为了竖贴。

不过总体上，"杨梅竹斜街"这条曾经商住
混杂、毫不起眼的胡同还是基本按照设想，
用腾退的方式活化了可用物业，引入了一批
更年轻的餐厅、书店、甜品店、杂货店、工
作室、宾馆等"认同有机更新"的新品牌。

设计周至今仍是"杨梅竹斜街"最重要的招牌。

家具品牌吱音在大栅栏的门店。

Photo | 吱音

"城市象限"创始人茅明睿曾根据新浪微博的数据，描绘出了大栅栏和北京设计周在几年间的影响力曲线。结果显示，2015年之前，大栅栏和设计周曲线的波峰是重合的，但在2015年大栅栏的曲线呈现出双峰，"也就是说，大栅栏已经开始摆脱对设计周的依赖，成为一个成熟的游览目的地，甚至反过来成为人们来设计周的原因"。

曾经在大栅栏社区这一体系中态度最微妙的居民，也随着社区活力的回归而找到了新的乐子。并且逐渐形成了一种"社区自组织"的实验方案。

它的核心是，从社区内多才多艺、善于组织活动的"能人"出发，不断培育这些人的兴趣和业余活动，最终甚至能够形成值得行政机关采购的半专业级服务。

"一个典型的例子，是由社区能人自发组建的社区导览队。因为这今年参观大栅栏社区的人越来越多了，不管是本地人还是游客都非常乐意听当地居民讲故事。导览队志愿者经过自发培训和学习，路过一个小景点、一个老门框，都能讲出一段历史故事来。"清华大学社会学系博士梁肖月表示。

在中国城市近些年的各类更新换血和改造方案中，大栅栏社区的这些努力，让它看上去有些异类。因为很大程度上，这种尝试激发社区内商业和文化活力、期待社区自行造血的思路，是以牺牲经济利益为前提的。一旦提供了看上去更简便的改造方案，这种复杂的路径很容易被抛弃。

还记得上文提到的，大栅栏社区里由广安控股拆迁、新建而成的那个商场吗？如今，这座由7位知名设计师分别负责单栋建筑设计的分体式商场，已经有了一个新名字"北京坊"。在Page One书店、星巴克臻选旗舰店、MUJI HOTEL、WeWork等一系列关键品牌陆续落户开业后，不管是商业社会，还是普通消费者的注意力，都被很快地吸引到了这座商场里。

行走在"北京坊"，与行走在大栅栏商业街、或是杨梅竹斜街的感受，是完全不同的。这里保留下了原先区域内中国最早的国营百货大厦"劝业场"，有着精心规划过的内庭、连廊和活动空间。但北方建筑常见的大建筑尺度仍会令人生畏，新模式中带来的惊喜感，也远不及走街串巷时的偶得。

在杨梅竹斜街的物业租约到期之前，"吱音"就将自己的第一个北京旗舰店店址选在了"北京坊"。尽管在这里，他们要面临一个不太好的店面位置，以及不如杨梅竹斜街那么"文青"的大消费群，但杨熙黎觉得，这可能是整个大栅栏发展过程中，能够寻找到的最好、最稳妥的一种"中间状态"。

贾蓉则盘算过，如何再活用一把北京坊内"劝业场"的名声。"劝业场"的创立本意，是在清末中国进口商品爆发式增长时，给民族商业保留发展空间。而到了现在，它也许同样可以被用来盘活大栅栏内日益萧条的老字号，以及培育更多的新品牌。

"在大栅栏，一个品牌可能会从临时店起步，然后去杨梅竹斜街开一个工作室，长大了再去北京坊开一家门店，'劝业'的概念就这么实现。大栅栏有这样的土壤，或许是因为，它是一个中国面向国际、首都面向地方、政府面向社会、商业面向市场的空间。所以它的文化生态和社会形态，才会是饱满的。" Ⓜ

HAGISO 外观——改造前。

建筑改造与社区共生，
他们提出了新的
街道升级解决方案

by／罗啸天　photo／HAGISO

普通社区分布

Albergo Diffuso 式
社区分布

不仅是修复老房子，而且让居民和游
客共同生活在同一个空间。

○ 住宿设施
■ 社区建筑

HAGISO 外观——改造后。

在意大利的农村地区，有一种叫"Albergo Diffuso"的独特住宿方式——

由于面临人口减少问题，村子里的空置民房逐年增加。而通过村子里的餐馆之类的设施预约，游客便可以把这些空置的房屋作为住宿设施使用。不同于一般的酒店，这里没有华丽的酒店设备，但是工作人员会告诉你这个镇上好的餐馆和商店在哪里，帮你充分融入当地生活。

在这个集约管理的体系中，不仅村子可以活用这些空置房屋，创造新的价值，游客

也可以通过点缀在不同角落的房子，获得独特体验。

而在上万公里以外的东京，人们也渐渐受此启发，推出这样的城市游玩方式。很多人不想在酒店留宿，虽然好酒店总能提供齐全的设施和不错的食物，但总与真实的东京生活有距离感。如果游客们更愿意深入城市之中，找一个可以落脚的地方，那么HAGISO 和 hanare 这样的地方也成了游客们可以尝试的新选择。

HAGISO 是一个集咖啡馆、画廊、工作室

01

02

03

多重功能为一体的两层楼的小"综合体"，而小旅馆 hanare 是负责经营 HAGISO 的工作室 HAGISTUDIO 近期的新项目。这两个小房子并不在同一时期开发，功能也大不相同，但是相隔不远的二者隐藏在同一片有趣的区域中，彼此暗含联系，成了游客探索这片地区的关键线索。

这片地区叫"谷中"。

在东京不同的街区中，谷中似乎流动着与其他地方完全不同的气息。这是一个坐落在上野北侧，可以从上野公园步行到达、带着怀旧气息的老街区——这片地区坐落着 60 余个大大小小的寺庙和神社。

江户时代，上野地区设置了名叫"宽永寺"的寺庙，来保护江户城"鬼门"的方向。宽永寺规模庞大，它的很多下属禅院也分散在整片地区。而谷中地区的部分寺庙，恰好逃过了震灾和战事，这些老建筑也幸运地保留到了今天。所以，即便今天东京的其他地区绝大多数路网已经发生了变化，谷中的街道还是保留了江户时代的样子。

地区的中心是备受当地居民喜爱的"谷中银座商店街"，这里保留着数量丰富的杂货铺和食品店。近些年，渐渐有年轻人开始到这片充满着人情味的老街区游玩，形成一股风潮。咖啡馆和创意料理也开始和传统工艺品店毗邻而立，给这个拥有百年历史的街区带来了新鲜的气息。

<u>**01**</u>
HAGISO：从一幢待拆的老屋，
到探索城市的入口

从商店街拐进一条小路，在安静的住宅区

01／谷中银座是东京一个具有怀旧气息的老街区。
02／hanare reception。
03／HAGI cafe。

中，便坐落着这座 HAGISO。

之所以会叫 HAGISO 这样没有特别含义的名字，其实只是保留了其用作租赁公寓时期的名称——"萩莊"的发音而已。

"萩莊"建成于战后物资匮乏的 1955 年，是一座典型的两层木造公寓，每层有七间屋子。从 2004 年起，被用作东京艺术大学建筑系的学生宿舍。

2011 年 3 月的东日本大地震，让谷中地区的建筑大换血。有的老房子屋顶坍塌，有的围墙因地基沉降而损坏。HAGISO 本身虽然没有明显损害，但由于内部设备老化，房子确实也已经超过使用的极限，到了不得不拆的地步。和当时许多老房子的所有者一样，房主决定将这里改造成停车场。

而在这里住了 7 年的建筑系学生们，觉得需要通过一个正式的仪式，对这座朝夕相处的建筑做一个告别。于是，几个东艺大的建筑生趁着搬出后和拆迁前的空当，把这里改造成了一个展览场所，同时在房间内也设置了不同的艺术装置，把居住记忆和即将拆迁的空间作为创作对象，向所有人免费开放。

结果，通过在 Facebook 和 Twitter 上的宣传，在 3 个星期的展览期间，约有 1500 人前来参观，远超预期。在关闭前最后一天的聚会上，整个小楼甚至被来告别的人围得水泄不通。

正是这次告别活动，让大家看到了这个房子的更多可能，于是其中的一个毕业生说服房主，买下了这座房子的使用权，希望让它重生，成为"迷你的文化设施"——在东京这个特别的角落，只可以放在当前的背景下而存在的，而不是"类似世界任何一个城市"的文化设施。

HAGISO 也成了一个序曲，他们希望不只改造这一栋房子，而是在整个谷中地区，乃至东京，开发有意思的项目，HAGISO 只是一个带领你进入这个城市更深层体验的引子。

02
hanare：你留宿的不再是某个建筑，而是变成了一整片有魅力的街区

在 HAGISO 的尝试成功之后，开发者宫崎晃吉一直在想，如何在这片地区加入更多活动空间，帮助提升整个片区的吸引力。于是他开始了在谷中的各种不同项目，包括设立艺术装置，或是集合本地的居民举办各种艺术活动。而第二个正式项目，就是 hanare。

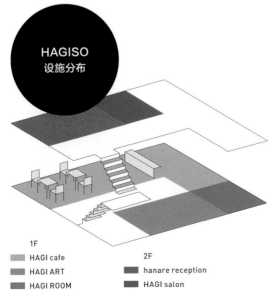

HAGISO
设施分布

1F
HAGI cafe
HAGI ART
HAGI ROOM

2F
hanare reception
HAGI salon

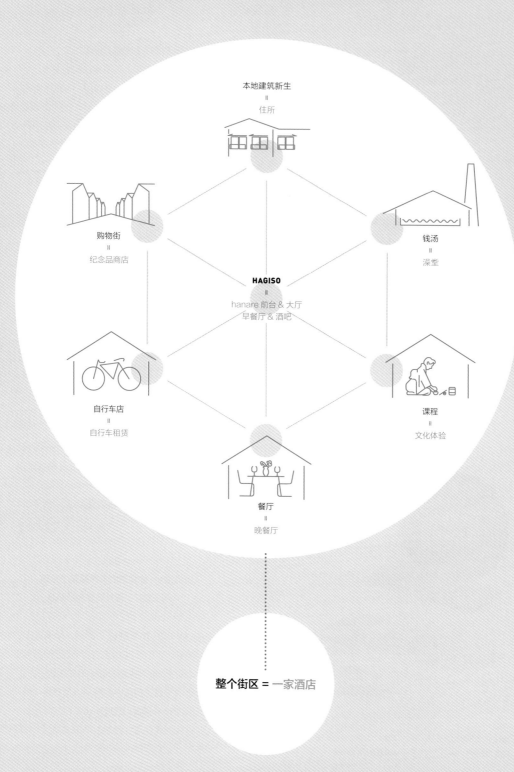

本地建筑新生
＝
住所

购物街
＝
纪念品商店

钱汤
＝
澡堂

HAGISO
＝
hanare 前台 & 大厅
早餐厅 & 酒吧

自行车店
＝
自行车租赁

课程
＝
文化体验

餐厅
＝
晚餐厅

整个街区 ＝ 一家酒店

01／出门探索社区，可以发现 tokyobike 自行车店。
02／hanare 只提供简单的住宿。

可以走到：各色不同的古钱汤——作为酒店附属的浴场，传统小餐馆或者是昭和时代的小酒吧——作为酒店附属的餐厅和酒吧，谷中银座商店街——作为酒店附属的纪念品商店，甚至 tokyobike 自行车店——为你提供自行车租赁服务。于是你所留宿的地方已经不再只局限于一整栋建筑，而是变成了整个谷中地区。

HAGISO 是接待的前厅——不仅作为整个"酒店"的核心负责 check-in 等琐事，同时也为游客提供整个地区的指南服务。而楼下的咖啡厅在上午便成为餐厅，夜间也可以充当过夜旅客的休息室。

hanare 的房间离 HAGISO 有一定的距离，但是行走在这些分散的房子之间，你会发现自己在不断停下脚步，欣赏并融入这个城市了。

作为 HAGISO 的子项目，hanare 最开始也是谷中地区无人利用的空屋之一。房子的主人从自己的父母那里继承了这处房产，但是没有足够资金来修缮这栋老房子，也没有时间来管理它，于是只是让它处于闲置状态。宫崎晃吉看中了这栋建筑跟 HAGISO 相似的背景，决定把这个地方改造成为继 HAGISO 之后的第二个项目。

hanare 旨在为外来的游客提供一个家一样的空间——看似只有十分简单的住宿设施，甚至没有前台和休息大厅。但是实际上它提供的东西又远不止如此。

从这个住处出发步行用不了几分钟，你就

hanare 提供了一个新的角度，不只是作为酒店思考该提供给客人怎样舒适的条件，更考虑游客和本地居民该如何共处。改造者们相信，这个模式会被更多人延续到它们喜爱的街区里。所以，他们的目标不只是修复 HAGISO 或者其附近的几个空置的房子，而是从这个计划开始，影响这些正在面临老龄化以及消费衰退的老城区，防止他们在新一轮城市化中被侵蚀为没有个性的空间。同时 HAGISO 也鼓励人们不要一味陷入这座城市充满购买欲望的一面中无法自拔，而要意识到，这里存在着更多元、更有深度的趣味，正是这些趣味，保证了东京独特的城市魅力。Ⓜ

不仅仅是CBD：我眼中的"东京大丸有地区"改造计划

by／周德琴

作为一个对城市发展充满兴趣的人，东京最核心的东京站前的"大丸有（大手町－丸之内－有乐町）地区"是我印象最深刻的既有古典与现代兼容感，又兼具步行体验与空间丰富性的中央商务区。因为工作关系，我也会带着一些海外城市开发运营商们来这里参访，很少见，它获得了几乎一致的高评价，可以说"人见人赞"。

我们可能都已经熟悉了CBD（Central Business District）——也就是所谓的"中心商务地区"的概念。大丸有地区位处交通枢纽区，集聚了一大批日本大公司与跨国公司总部，作为东京乃至全日本经济发展第一中枢，目前更愿意突出的是名为ABC（Amenity Business Core）——"舒适型商业中心"，即有魅力的、有丰富城市活动的商务中心的规划意图。

大丸有地区位于皇居及东京站前，地区区域面积为120公顷，总建筑面积约800公顷，有101栋商务办公楼，入驻约4300家公司，就业人口约28万人，铁道路网为28条路线13个车站。这个规划，在公共交通资源和高密度发展的城市功能之间建立了不错的平衡。这就避免了很多CBD的城市发展定位与公共交通网络结合不足的弊病——高密度发展带来交通负荷过量，高端商务区形象高大上，实际生活品质却不够宜人。

一个街区的规划，少不了包括政府在内的各方参与，大丸有地区规划也是如此。早在1988年，当地商社、开发商、各入驻企业就已经自发组成一个"大丸有地区再开发计划推进协议会"，讨论各类街区开发发展计划。到1996年9月，东京都、千代田区政府、东京站主要运营商JR东日本联合协议会，正式成立了一个政府与社会资本合作的模式——也就是现在在城市规划开发中常常提到的"PPP（Public／Private Partnership）官民合作模式"——当时，这个合作组织叫"大丸有地区城市发展经营恳谈会"。

这种方式不是一句口号，从策划、规划设计到管理运营，从基地内的街区改造发展计划，到基地外的道路公园等基础设施建设，想要让城市街区顺利发展运营，PPP公民协调体制的早期建立和有效实行是一个必不可少的前提条件。

大丸有地区不仅实现了PPP体制，更是以民间主导的方式实现了城市发展运营。

周德琴

资深城市开发咨询顾问，日本
建筑学会会员，城市迷。
近10年就职于株式会社日建设
计城市开发部门，参与了东京
涩谷站前地区开发改造等多个
东京站城一体开发（TOD）城
市更新项目。现任德勤亚太区
东京投资顾问公司TOD与城
市开发部的高级咨询顾问，以
中国及东南亚为主，协助支援
日本的海外城市开发投资及日
本经验输出。

"大丸有地区城市发展经营恳谈会"共同研究这个地区的发展远景，提出具体规则及整备手法，2000年3月，发表了初期的发展经营指导方针。之后，不仅每隔两三年更新指导方针，还切实以此指导了这一区块内的几个街区改造发展计划，在此基础上，不断摸索适合该地区的新型城市发展方式。

大丸有地区在人行网络构建上也做出了让人很感兴趣的尝试。大丸有地区拥有复杂的车站构造，但是它定义了包括东京站前的丸之内、八重洲，有乐町站前的有乐町，大手町站前的大手町四个重点城市中心节点，所有的人行网络都和该城市中心结合。

同时，都营地下铁及东京地下铁等线路的地铁车站，大多分布在东西南北各主要干道之下，各自拥有5至10个出入口，不同街区的人行网络都和这些出入口积极有序地相互连接。

街区在设计地上地下人行网络时就有规定，不同街区改造开发都必须有效结合地铁各出入口，通过公共通道或共享中庭、下沉式广场等方式，用这类街区内的连接通道来补充、完善整体人行网络，这样，不仅缓解了人流单一集中的问题，还提供了多种路径选择。目前，大丸有地区已是东京通过轨道交通100%可步行到达的典范地区——车站周围500至750米范围内，行人可步行到达，在这个区域，通过多车站叠加，也扩大了行人的"可步行到达领域"。

可见，大丸有地区不仅重视站和城的连接，也很重视如何连接，也就是人行网络系统的质和量。也有很多街区改造项目，虽然已逐步认识到"车站"和"城市"连接的重要性和价值，但"站"和"城"如何连接的学问还很深，哪里需要连、如何连、怎么落实，都还需要不懈探索。

大丸有地区的繁荣印象与步行体验，还来自于结合人行网络布置的多样商业空间。地面商铺主要定位为到访东京的观光客，大致是时尚、商务相关物品销售，以展示为主，结合一定开放式多功能饮食业态，鼓励引入第一次入驻东京的全球品牌。

至于地下一层商铺，由于东京站的特殊属性，东京站地下街区商圈引入了日本各地的特色产品，其他各街区地块主要面向在附近工作

大丸有地区高楼林立，
也重视站和城的连接。

东京丸之内、有乐町地区步行通行量变化

●2002 年 7 月（丸之内大楼开业前）　●2015 年　单位：人／日

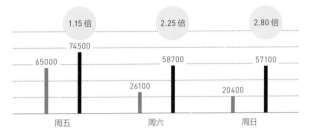

数据来源：《大丸有地区 AREA MANAGEMENT REPORT 2016》，三菱地所调查。
注：显示内容为该地区的 10 个地点的 10 点到 20 点的步行通行量。图中数据为约数。

的人群。为满足办公商务需求，这一区偏向于配置大众化饮食，而且国际化饮食居多，并结合一定休闲业态。

根据 2014 年修订的最新发展经营指导方针，现在，大丸有地区正以 ABC 为发展目标。此前，这个街区的人流集中出现在白天、工作日，现在，它也在向能够在晚上与假日也聚集更多人气的街区转型，比如导入更多会议、研修、展览、活动等丰富商业形态。

一个不具备法律拘束力的导则，为什么能在各街区改造更新时，得到有效配合落实？我的理解是，大丸有地区的地权所有者们，除了对维持该地区高城市竞争力有充分自觉，对地区远景理想及全体互赢互利价值实现具有共同的认同感之外，更重要的，还有促进利益协调、平衡投资回收的街区改造城市更新手法的支撑。

街区改造城市更新手法本身是有法律效应的。同样位处这一街区的百年老车站——东京站在修复过程中，采用了将东京站上空的剩余容积转移到其他大丸有地区建筑群的手法换得修复资金，该手法也促进了东京"特例容积率适用地区制度"的成立。

又比如，也是位于这一街区、2018 年 11 月开张的二重桥大楼（我们办公室就刚刚搬进那里），就是采用了"城市再生特别地区"这种改造手法。这座建筑由东京会馆、东京商工会大楼及富士大楼联合重建改造，通过由民间公司承担基地外的地区连廊建设、引进地区防灾设施，导入最高可容纳 2000 人的该地区最大规模的多功

01

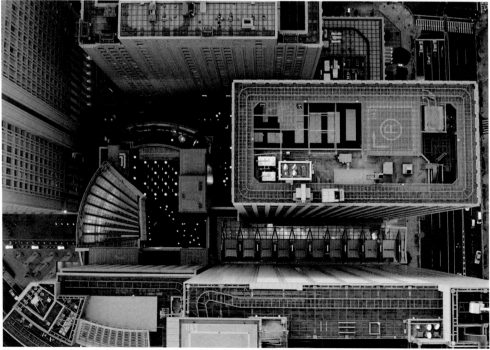

02

01／东京站丸之内广场改建与景观工程于 2017 年
年底完成。
02／大丸有地区通过容积率转换的方式建造了多座
高楼。

能宴会场等城市发展贡献项目，获得了政府的容积奖励，最终达到
1500% 的容积率，保证项目投资平衡与顺利落地。

不仅如此，大丸有地区人人参与运营建设的尝试，在东京都城市经
营中，也一直处于领先地位，具有示范性。该地区有着多样的区域
管理组织，各自出谋划策，且各组织互相合作，落实指导方针的具
体实施，让整个地区在管理上有条不紊，同时具备创新活力。

像 2007 年 5 月成立的大丸有地区可持续性发展 ECOZERRIA 协
会，目的就是和该地区各企业合作，共同推进指导方针里提到的环
境共生城市主题的实现，同时也解决该地区自身高密度开发中能源
节约等环境问题。

又比如促进人才多向交流的"丸之内晨间大学"企划，充分利用了
该地区各类早晨的空闲设施，推出了比如 7 点 30 分到 8 点 30 分
（部分是 7 点 15 分到 8 点 15 分）针对环境、健康、投资等多主题
的大学课程。这个企划在 2012 年也获得了日本优良设计奖（Good
Design Award）的地域创新设计奖。

最近，日本东京开始流行结合城市中心地区资源的企业健康经营的
理念，大丸有地区是率先落实实施的地区。该地区提倡和成立了地
区健康运营组织，提供与工作、生活、精神、健康等各类主题相关
的演讲或活动。

虽然城市发展经营指导方针不断演变，但大丸有地区硬件、软件结
合的街区改造实践从未停下脚步。 Ⓜ

延伸阅读
● The Council for Area Management of Otemachi,Marunouchi,and Yurakucho
http://www.otemachi-marunouchi-yurakucho.jp/introduction/
●《大丸有地区 AREA MANAGEMENT REPORT 2016》
http://www.otemachi-marunouchi-yurakucho.jp/wp/wp-content/themes/
daimaruyu/pdf/amr2016.pdf
*本文观点为作者个人观点，与作者任职公司无关。

Photo | Haoyue Jiang

Prada: 在上海市中心的百年豪宅开美术馆

by／励蔚轩

在漂亮的历史建筑里开店是一回事，办画展是另一回事。

101 年前，荣宗敬买下上海市陕西北路186 号的那栋钢筋混凝土三层洋房时，并不准备把这里变成美术馆。这位当时统治中国面粉业的实业家只是把这里作为自己兴盛家族的住宅。

02
Photo | Agostino Osio

01／艺术家刘野的作品《寓言叙事》。
02／Prada 荣宅外部图。
03／Prada 荣宅内部图。

2017 年，这栋上海市中心少见的洋房已经为奢侈品牌 Prada 所用，不过不是作为旗舰店，而是艺术展馆"荣宅"。

让一栋历史建筑重新派上用场并不容易。"建筑交给我们的时候，被破坏了不少。岁月在这里留下痕迹。"经常与 Prada 合作的建筑设计师 Roberto Baciocchi 说。设计师、工程师，花了 6 年时间完成了修缮。

这份投入回报不错。2017 年揭幕后的两个月，Prada 荣宅向公众开放参观，吸引了 10 万多人次预约。

在大城市的市中心选择一座漂亮的历史建筑开店，本身符合奢侈品品牌的需求。不过开一个艺术展是另一回事。Prada 花了 25 年学习如何经营一个艺术基金会，并在全球营造不同类型的艺术场所，比如一个老旧的酿酒厂，或是威尼斯的王后宫。奢侈品愿意与艺术联系在一起，这能让它的品牌定位更有说服力，也更稳定。

Prada 在荣宅里摆进了二战后的意大利艺术作品，并且用竹子作为临时展墙——用于居住的住宅本身并不适合作画廊。接下来的课题或许是，如何不断推出有质量的展览。今后，荣宅的活力不取决于它的修缮质量，而在于它是否擅长用艺术品讲故事。Ⓜ

03

Photo | Agostino Osio

东京中目黑高架下。

高架下的空间诱惑

by／彭琳　**photo**／Fabian Ong

如何活用高架桥下的空间，
让它们成为集合商业空间与公共空间的好去处？

作为一个特殊的道路形态，高架在日本东京存留较多有其历史原因。目前东京大约仍有 110 公里的"立体交叉区间"。虽说各个铁道公司是主要运营方，但这些空间实际仍会算到东京都的城市开发计划里。在开发整备时，日本国会负担大约 47% 的成本，东京都约 27%，各个铁道公司大约负担 15% 左右。通过高架立体交通，可以减少地面铁道闸口、增加车站前商业与公共空间、增加区域吸引力，也吸引了铁路公司积极参与这类项目。

01
中目黑高架下：
餐饮激战区的新商业空间

"高架下"正在成为集聚人气的商业空间。2016 年 11 月，"中目黑高架下"空间项目正式开业。700 多米长的高架空间下，一共引入 30 间店铺，其中大多数是餐饮店，也包括茑屋书店这类带有明显文化标签的品牌。

"中目黑有很多竞争店铺，仅凭好吃是难以持续经营的。来开店的都是曾经在这个区域有过开店经验，或者总部在这个区域的商店。"东急电铁都市创造本部的山本里奈说。

这个项目位于两条铁路线的交叉点，"中目黑"站下方，距离东京活跃商业区——代官山与涩谷不过一两站地铁。它横跨樱花胜地目黑川，也和周边新老店铺连成一片，成为散步和购物的好去处。每一班到站的地铁都为高架下店铺送来大量新鲜客流。

想让高架下空间成为有活力的公共空间，这种变化并非仅仅是"招商"这么简单，它涉及公共利益、法规政策、土地所属公司

权益等多种问题。

包括公司、公共团体、NGO 在内的各种组织一直都在向日本交通省提案，试图改变高架下空间的尴尬现状。但想让这个空间变得有价值，首先还是需要获得法律上的认可。

2014 年 4 月，《改修道路法》等关联法案终于在日本参议院通过。部分限制放开之后，如何利用这些"角落空间"可以交由道路管理者判断。这些公司也可以将改造获得的收入用于道路维护。

像中目黑车站这样的高架下土地，所有权属于铁道公司"东急电铁"。对它们来说，开发高架下不仅意味着直接的商业收入，还能提高铁路沿线的形象，增加乘客数量。

虽然获得开发许可，但高架下一直被忽视不是没有原因。如果不改变高架下空间阴暗的氛围，如何让人群逗留也是个问题。东急电铁在店铺门口设计了能让各个店铺表现自己个性的空间，让他们可以自由地摆放桌椅、看板、植物。

此外，由于中目黑站车站老旧，出于防震工程需要，高架柱体有的因为增补而变粗，有的空间还被夹在防震壁之间、显得狭小，这些构造上的特征，也需要入驻店家根据不同情境找到自己独特的装修方式。

即使上述问题解决，要开发好这个空间仍然不易。高架下街区过于狭长，尾部还探入了住宅区，周边穿插着仓库与道路，店铺面积也愈发狭小，尾部商铺的生意也比前端要冷清许多——这都不是能说服更多店铺入驻的有吸引力要素。

02
2k540：
在二次元胜地开发的手工艺专区

2010 年，东日本旅客铁道（East Japan Railway）的子公司"JR 东日本都市开发"创设了名为"2k540"的商店街，它位于二次元文化中心秋叶原站与御徒町站之间。御徒町站周边在历史上是手工艺繁盛之地。2k540 是一个铁路术语，意为"以东京站为起点，距离 2540 米"。

"高架下的设施需要一个主题性，让人想专程去那里走走。"该公司常务董事、开发部部长千叶修二说。

基于御徒町的历史文化，2k540 采用了"手工艺之街"为主题，入驻的清一色是传统工艺品店铺，包括皮具、万花筒、帽子等专营店。这个区域的开发也成为很多人申请开发提案时的样板项目，对此后的高架下空间开发起到重要的示范作用。

然而，由于它处于高架桥较为荒僻的一段，商店街只有手持观光手册的寥寥行人。与建成前相比，JR 御徒町站的客流量起伏也不大。不过，它采用了白色墙面和充足的照明，这刷新了高架下空间长久以来"阴暗、肮脏、可怕"的印象。

03
nonowa 与 NONOMICHI：
吸引当地居民的社区生活空间

JR 东日本在 2010 年成立了一个新公司"JR 中央线 Mall"（JR 中央ラインモール），负责东京新宿站西面中央线沿线，三鹰站至立川站之间的立体空间开发事业。它的

01

02

03

计划，是通过一个名为"nonowa"的项目，开发高架下的空间，重新连接起那些曾经被高架铁路截断的住宅区，创造出新的站前活跃商业空间与公共空间。其中，武藏境站到东小金井站之间大约一公里的空间被称为"NONOMICHI"。

在 NONOMICHI，通过打通高架下的各个店铺，连接起人群拜访动线——不必出门，你就能逛完所有店铺。外部留有自行车停放区以及桌椅区，让早间菜市、手工 workshop 有了活动空间。在店铺选择上，既有餐厅、皮具店、服装店，也有受到当地人喜欢的咖啡、杂货店、杂志屋，甚至是幼儿园和日间运动场。除此以外，这里还有两间共享办公室，支持当地有创业想法的人在这里办公。

目前，这家公司已经完成中央线 5 个站点的高架下空间重造计划。正如东京中心市区在城市规划开发中形成的以车站为中心的开发模式，JR 东日本也想抓住东京都西部、中央线西段的新机会。那里并不缺乏人们熟知的核心"景点"，比如三鹰站附近，就有广受关注的吉卜力美术馆，JR 东日本正在挖掘那里的价值。

"提高沿线的价值"——几乎东京所有交通公司都在强调这个说法，不仅是 JR 东日本。阪急、东急等私铁公司都曾在铺设轨道的同时，参与沿线都市住宅与商铺开发计划，在它们的收益构造中，旅客运输收入只是其中一部分，房地产与商铺收入也是核心收入来源之一。这也是高架下项目值得其他城市参考的核心经验。 ⓜ

01／东京秋叶原 2k540。
02-03／东京东小金井 nonowa 与 NONOMICHI。

· department store ·

PART 3

•

百货店的新价值

单纯的商业中心已经吸引不了客流了。
问题是，当百货店颜值提升后，产品、服务、品牌塑造与传播，
是跟着有所改变，还是换汤不换药？

老牌百货店在银座"大变身"

by／李思嫣 居怡娜　**photo**／GINZA SIX

在日本东京，那个你熟悉的观光客聚集地银座，有了一个"变身计划"。
它们不想再被叫作"西单"了。
"这不就是北京西单、上海南京路吗？"
我和朋友们去过挺多次东京传统百货店聚集地——银座，然而这样的评论却越来越多。
它是个有趣的概括——即便从全球视野看，很多商圈也越来越像。对于那些想来这里
寻找异国惊喜的人来说，"银座"，这个东京百货店激战区正在失去魅力。

Photo | 繁田愉

银座松坂屋业绩越来越差

● 松坂屋银座店销售额（单位: 亿日元）

2004	162.91
2005	166.66
2006	164.24
2007	156.30
2008	155.31
2009	142.78
2010	121.99
2011	102.11
2012	102.48

数据来源：J.Front Retailing

注：图中年份为财年，比如 2004 财年，意味着 2004 年 3 月至 2005 年 2 月这段时间的业绩。

与你在日本爆买时看到的热闹景象不同，日本老牌百货店的生意正变得越来越差。

日本百货店协会的数据已经显示出这种紧张情绪。截至 2018 年 12 月，日本全国百货店销售额已经连续两个月下跌。时隔两年，日本全国百货店 2018 年度总销售额再次出现负增长，与去年同期相比减少了 662 亿日元（约合 40.64 亿元人民币）。百货业巨头当中，大丸松坂屋百货 2018 财年第三季度营业利润比去年同期减少了 40.07 亿日元（约合 2.46 亿元人民币），三越百货 2018 财年第三季度销售额比去年同期下滑了 4.4%。

即便是那些在银座拥有地皮的大百货公司，也不得不想些新点子，将以往人们印象中的"百货店"变个样。

GINZA SIX（简称 GSIX）改造项目就是这类计划中的一个。它原本是位于日本东京银座六丁目街区的一座百货大楼——松坂屋。

它于 1924 年开业，是东京银座地区第一家百货公司，生意做了 88 年，销售额却从 2006 年开始一路下滑。2012 财年，其营业总额甚至不足 20 世纪 90 年代全盛时期的五分之一，最终于 2013 年 7 月关店改造。

松坂屋给百货业留下了一个泡沫经济时期的典型产物——电梯小姐。这种由它在 1929 年首创的做法曾经闻名全球百货业，可如今，你只能在为数不多的几个日本老牌百货店看到这个职位。

20 世纪 90 年代全盛时期，松坂屋的销售额曾居银座地区榜首。它也是银座第一家提供中文服务的百货店。但从 2006 年开始，它的业绩不断下滑。这类店铺受到冲击的理由一点也不让人意外。"电子商务改变了人们的购物方式，百货店卖出的商品越来越少，百货行业处境也更艰难。"GSIX 的新地主、日本最大综合商社住友商事的社长中村邦晴解释说。

作为东京百货公司的典型代表，松坂屋主要吸引了 30 岁至 50 岁的女性，除了 ISSEY MIYAKE（三宅一生）这类日本本土设计师品牌，它也更倾向于选择 Tory Burch、Jimmy Choo、Saint Laurent、Chloé 这种品牌定位更高一些的国际设计

赴日观光客消费激增却不稳定

● 观光客消费总额（亿日元）　● 人均消费额（万日元/人）

季度	消费总额	人均消费额
2012 年第一季度	2242	13.4
2012 年第二季度	2430	13.2
2012 年第三季度	2565	13.1
2012 年第四季度	2149	12
2013 年第一季度	2894	12.8
2013 年第二季度	3675	13.6
2013 年第三季度	3899	14
2013 年第四季度	3698	14
2014 年第一季度	4298	15
2014 年第二季度	4870	14.4
2014 年第三季度	5505	15.8
2014 年第四季度	5606	15.2
2015 年第一季度	7065	17.1
2015 年第二季度	8893	17.8
2015 年第三季度	10009	18.7
2015 年第四季度	8804	16.8
2016 年第一季度	9305	16.2
2016 年第二季度	9534	16
2016 年第三季度	9716	15.5
2016 年第四季度	8922	14.7
2017 年第一季度	9680	14.8
2017 年第二季度	10776	14.9
2017 年第三季度	12306	16.5
2017 年第四季度	11400	15.2
2018 年第一季度	11121	15.2
2018 年第二季度	11333	14.5
2018 年第三季度	10884	15.6
2018 年第四季度	11605	15.6

数据来源：日本国土交通省观光厅、日本银行

师品牌。

但东京百货业早已是饱和状态，仅在银座地区，就有超过 10 家像松坂屋这样定位的百货店，包括松屋百货、银座三越在内，日本排名前十的百货公司都在那里占有一席之地。各家百货店都在想一样的事、抓同样的顾客，商品趋同，松坂屋吸引力大不如前。

专门店——一种从 20 世纪 80 年代兴起的产品专一、款式多样的小型商场——逐步打破了百货店这种以商品齐全为特点的经营方式。在日本，电器店 BIC CAMERA、服装店青山洋服，甚至优衣库，都是这种类型店铺的典型代表。

"JR 车站周边的三大复合品牌店——BEAMS、UNITED ARROWS、Ships的不断扩张，也给百货经营带来了更大的压力。"三越伊势丹百货公司社长大西洋说。

他说的所谓"复合品牌店"，指的是那种聚集销售自己旗下多个子品牌的商店。这些商店中，有的店铺也以买手店的方式引入聚合了一批国际设计师品牌，比起百货店，它们对顾客需求反应更快，也更加轻量和灵活。

松坂屋的控股母公司 J.Front Retailing 集团终于想要做点改变，它从 2009 年开始寻求一种"新百货店模式"。

"50 年来不曾改变的成功体验和商业模式已不再适用如今的局面。"J.F.Retailing 集团社长山本良一曾公开表示，"我们必须与过去的方式告别，所以 GINZA SIX 将不再是原来的百货店模式。"

它盯准的也是如今在银座被多家业主列为改造目标的"复合商业设施形态"。原先它只有地上 8 层、地下 2 层，只单纯经营百货，引入的商品既有招租来的品牌，也有百货店的原创品牌与买手商品。新的 GSIX 大楼共有 19 层——地上 13 层、地下 6 层，引进的 241 家商店全部都是它的招租品牌，还囊括一个可容纳 3000 名员工的写字楼——这既能为他们带来固定租金收入，也能刺激新消费。除此以外，还有艺术博物馆、观看"能乐"这种日本传统艺术演出

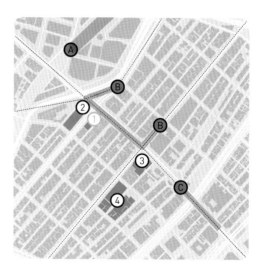

百货店激战区——东京银座改造计划

Ⓐ Yurakucho Station 有乐町站
Ⓑ Ginza Station 银座站
Ⓒ Higashi Ginza Station 东银座站
❶ Sony Building 索尼大楼 ....2017 年拆除
❷ TOKYU PLAZA 东急Plaza .... 2016 年 3 月开业
❸ GINZA SIX .... 2017 年 4 月开业
❹ Ginza Place .... 2016 年 9 月开业

传统百货已经无法支持银座的中心地位，GINZA SIX 需要重塑日式购物空间的水准。

的观世能乐堂、茑屋书店等文化区域。

新大楼于 2017 年春天开业。就 GINZA SIX 这个英文名，J.Front Retailing 集团社长山本良一解释说，新设施会提供"六星级"产品和服务。

日本百货店们曾经对访日观光客——尤其是中国游客寄予厚望。根据日本观光厅对外国人消费动向趋势的统计，2018 年第四季度访日观光客消费总额比上年同期增加 1.8%，相比同年前三个季度有所回升。人均消费额与上个季度持平。

这也让日本百货店们开始意识到，观光客固然能提振业绩，但这类收入可能也会有大幅波动。而且，并非第一次访问日本的客流正在增多，一旦店铺与商圈失去吸引力，他们很可能连观光客的钱包都留不住。他们将 2020 年奥运会看作改造自己与街区的最大机会。

观世能乐堂。

LOUNGE SIX。

让人在意的另一个生意指标：
观光客都是第一次去日本吗？

● 海外观光客数量（万人） ● 首次人数比例 ● 非首次人数比例

2013 年第一季度	226	32.0%	68.0%
2013 年第二季度	270	36.6%	63.4%
2013 年第三季度	278	36.2%	63.8%
2013 年第四季度	263	35.3%	64.7%
2014 年第一季度	287	35.1%	64.9%
2014 年第二季度	338	38.7%	61.3%
2014 年第三季度	348	39.4%	60.6%
2014 年第四季度	368	37.0%	63.0%
2015 年第一季度	413	38.7%	61.3%
2015 年第二季度	501	42.1%	57.9%
2015 年第三季度	535	44.4%	55.6%
2015 年第四季度	525	39.2%	60.8%
2016 年第一季度	575	39.2%	60.8%
2016 年第二季度	596	41.4%	58.6%
2016 年第三季度	626	43.5%	56.5%
2016 年第四季度	606	38.4%	61.6%
2017 年第一季度	654	39.7%	60.3%
2017 年第二季度	722	38.0%	62.0%
2017 年第三季度	744	40.0%	60.0%
2017 年第四季度	749	36.9%	63.1%
2018 年第一季度	762	38.7%	61.3%
2018 年第二季度	828	38.7%	61.3%
2018 年第三季度	757	38.1%	61.9%
2018 年第四季度	772	35.0%	65.0%

数据来源：日本国土交通省观光厅

为了吸引更多访日国外游客，GSIX 在 1 楼配备了观光巴士乘降站及停车场，这会缓解主街道停车的混乱问题，同时能为商场引流。

带有文化与休闲设施的复合建筑正在成为继购物中心之后、百货店们关注的新趋势——目前中国也正在经历同样的变化。住友商事社长中村邦晴认为，新百货店模式的成功关键在于融合日本特色，"人们来到银座是为了体验日本式的体贴、热情和传统文化，不仅仅是购物。"能乐堂的功能就像是电影院，与公园一样，它们都能让顾客在 GSIX 驻足更久。

在城市规划上，这种复合设施因包含公共空间，在功能上不仅起着疏导和聚散人流的作用，还满足开展各种举办活动、表演、展览的需要，相比独栋百货店大楼，它在节省空间的同时，还能给银座这样百货店毗连的商业街区带去活力，因而在近年受到追捧。

设计了纽约现代艺术博物馆（MoMA）的建筑师谷口吉生接下了 GSIX 项目。他在建筑外观融入了日本传统的"屋檐"和"暖帘"元素。"未来，如果流行趋势变化，建筑外观也容易改成别的模样。"谷口吉生说。

以一系列《海景》作品为人熟知的摄影师杉本博司，为这幢建筑设计了一个针对 VIP 客户的休息室 LOUNGE SIX，那里提供一对多语言服务，也有高级料理和文化沙龙——这也可以看出，松坂屋更想抓住那些能够带来高额收入的高端人群。

"与后起之秀新宿、六本木的鱼龙混杂不同，银座一直保持着自己的经典。"GSIX

的 logo 设计者、设计师原研哉说。他常常用"empty"这个词来阐释现在的日本——尽管有层出不穷的新设施,但没法完整彰显日本的价值。银座曾经是东京时尚的轴心,但如今这地位也渐渐消失。原研哉想让 GINZA SIX 重新承担"心脏"的角色。

2018 年 10 月初 GSIX 发布的 2018 财年财报显示,在截至 8 月末的第三季度内,有超过 700 万人拜访了这间店铺,营业额突破 220 亿日元(约合 13.6 亿元人民币),其中,访日游客为店铺贡献了三成收入,超过预期的 20%。

接下来,就通过几个案例,看看 GSIX 如何重塑银座在商业和艺术上的水准吧。

如果看人均绿地面积,东京并不算高

● 人均绿地面积(单位:平方米)

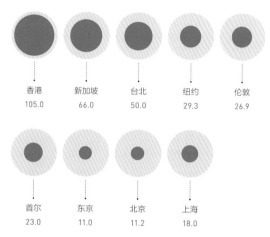

香港	新加坡	台北	纽约	伦敦
105.0	66.0	50.0	29.3	26.9

首尔	东京	北京	上海
23.0	11.0	11.2	18.0

数据来源:日本国土交通省 Green City Index – Siemens AG(2011),UNESCO

01

02

03

04

<u>01</u>

中庭南瓜，以及它的继任者们

自 2017 年 4 月 20 日 GSIX 开幕至 2018 年 3 月 21 日，日本艺术家草间弥生为 GSIX 设计的 14 座南瓜灯一直作为重要艺术项目，悬挂在商场中庭。南瓜灯的底部印有草间弥生的 "love forever" 自画像。

2018 年 11 月 12 日开始，中庭悬挂作品更换为日本艺术家尼古拉斯结合 AR 技术创作的作品 "梦幻礼物——夏天王国与冬天王国的故事"。

2019 年 2 月 27 日开始，中庭公共空间将展出日本艺术家盐田千春设计的 "6 艘船" 艺术装置。这 6 艘船被延伸在整个空间的无数根白线悬挂，外观会跟随游客的位置和眼睛的高度的变化而变化。

01

02

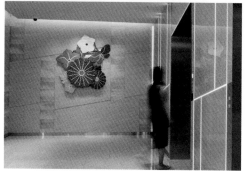

03

02
楼梯拐角的邂逅

在 GSIX 南电梯厅 2 楼至 5 楼，放有由日本艺术家大卷伸嗣创作的雕塑作品"回声无限——不朽的花朵"，它结合了江户小纹深红色图案、牵牛花、桔梗花、菊花、蝴蝶的形状，同时也象征了现代银座服装的历史。

在北电梯厅 3 至 5 楼，日本当代艺术家船井美佐用镜子作为"天堂和边界"的媒介，以整个空间为画布，以来来往往的观众作主角。当你伫立在这幅作品前，镜像反射的那一刻，你仿佛能看到想象中的未来。在生活墙中心侧楼梯间，媒体创意公司 teamLab 的 LED 多媒体作品"水粒子宇宙"，让一幕瀑布从天而降。

01 Photo｜teamLab, Universe of Water Particles on the Living Wall
02 Photo｜船井美佐, 乐园／境界／肖像画, 2017, photo：加藤健
04 Photo｜大卷伸嗣, Echoes Infinity -Immortal Flowers-, 2017, photo：加藤健

03
去屋顶寻找一座城市花园

GSIX 的屋顶花园是银座最大的花园，整整 4000 平方米的空间可以确保你 360° 无死角环顾从银座延伸而出的整个东京。

花园里的植物以"江户庭园文化"为核心概念，主要栽有樱花、枫树、松树等带有季节交替感觉的树木，它们也是银座诞生之时，日本首次引入的街道路旁树木。

花园也借用了西欧广场文化的概念，既铺有草坪，也在中央部设置了"流水平台"，

夏天，这里是一个亲水空间，停水后，它也可以作为一个中庭，举办各种活动。

这个花园曾是 Dior 走秀的主办场地，也是 teamLab 于 2018 年 8 月 1 日推出的"数字化自然"项目的试验地。

teamLab 的项目最打动人心的莫过于夜晚，当游客徐徐靠近树木时，树木的光会随之改变，同时向外扩散开来，一整片树会依次改变光的颜色。Ⓜ

把艺术搬进商业空间

by／朱宝 photo／K11

广州 K11

你会在这个购物中心里
有一些意外的"邂逅"——
比如养着几只小猪的迷你农场，
或者一个顶级画家的作品展。
它们本身就具备
让人印象深刻的吸引力。
购物中心不能只做收租的模式，
商业空间也可以有灵魂。

2019 年的第一个周六，杨家声与他的团队在他一处装修为工业风格的办公室，就一个设计方案中开门的角度绞尽脑汁。他是广州和深圳等多个 K11 购物艺术中心的设计参与方——设计事务所 LTHK 的董事，也是杨家声建筑师事务所的创始人。

一旁的画册中，开业不久的广州 K11 外观与内部空间装饰细节图赫然在列，这是一个他参与历时 8 年的项目，更是 K11 创始人、香港新世界发展有限公司执行副主席兼总经理郑志刚开创他的"博物馆零售"与购物艺术中心的前几个项目之一。

2008 年香港 K11 的开业，是"购物艺术中心"这个概念落地的第一步。之后 10 年内，上海、沈阳、武汉、广州等城市的 K11 相继开业。区别于其他购物商场，K11 开启了"艺术与零售"相结合的新空间模式。

广州 K11 落成的那一年，也是这个项目的第十年。从选址在 CBD 珠江新城核心地段开始，郑志刚就在琢磨，怎么能让这个空间在 5 年后，仍然与传统的购物中心区隔开来。

广州 K11 位于广州第一高楼周大福金融中心。这个建筑群的主塔由占据 7 层至 66 层的超甲级办公楼——K11 ATELIER 与广州首家六星级瑰丽酒店和服务式公寓组成，主塔概念方案由美国建筑设计事务所 Kohn Pedersen Fox Associates（KPF）设计，其中，41 层的办公楼转换层 K11 Sky Lobby，以"空中图书馆"为理念设计，形成了一个大社区中的小社区的氛围和公共空间。

金融中心裙楼 K11 Art Mall B2 至第 6 层概念设计由美国建筑事务所 CallisonRTKL 提出，他们用榕树的概念完成了艺术空间与广州的城市特色融合。7 层至 8 层 VIP 区方案设计由日本室内设计公司 GARDE 完成。杨家声和所在的集团 LTHK 承担 K11 ATELIER 和 K11 Art Mall 的部分概念方案设计，以及整个项目的深化、施工图及商场设计改造的工作。

对广州 K11 来说，一层和二层相当重要，全球知名的奢侈品大多选择在这个位置开店。它体现着购物中心的定位，也是购物中心租金的重要来源。三楼以上，主要引入轻奢品牌和受到年轻人欢迎的功能区。四层和五层之间，以树屋为概念设计了空中舞台。五楼是一个都市农庄，里面分布着生态互动体验种植区，试图用多种不同的种植技术模拟蔬菜生长环境。地下两层则是餐饮服务区。

这倒符合郑志刚对他理解的艺术和空间的认知。郑志刚曾提及，每个城市都有它的本地文化和艺术，城市是一种空间，空间是需要去探索和体验的。郑志刚希望他的同事们能在无形中营造一种融合文化与艺术感的设计氛围。

毕业于哈佛大学、曾在日本修习艺术文化的郑志刚，在对 K11 的探索中，投入了这个行业不太常见的艺术热情和个人喜好。从实践来看，它的确带给了消费者不同的体验，但从商业化角度来看，它如何做成赚钱的生意，是个关键。

"这种潜在的时尚艺术和文化，不会给逛 K11 的人带来刻意营造的感觉，但又能让他们在逛商场的过程中，不知不觉感觉到它，某种程度上，我们想营造一种个人与空间的互动。"杨家声说。

"没有一点特别的地方，很难进驻 K11。"入驻广州 K11 的一间鲜榨果汁店店员称，"有一些店想进也没有进来。即便同一品牌的分店，要进驻 K11，也必须与其他店不同，具有独特的地方。这是入驻 K11 的门槛，也是 K11 愿意提供更好进驻优惠条件的谈判筹码。"

01

02

03

04

05

01 / Sky Stage 空中舞台。
02 / Urban Farming 都市农庄。
03 / Dream-Crafting Studio 创艺空间。
04 / 西部连廊。
05 / 高伟刚作品《升华》。

"除了自身必须很有特色外，商户的整体装修风格由 K11 的艺术部和招商部来监督，商户的风格和 K11 的风格需要和谐融合。商家有艺术品的陈列更受 K11 欢迎。"一位了解 K11 招商部和艺术部的人士透露说。

郑志刚非常关注 K11 里展示的艺术品，这是他对购物中心空间形态的一个新探索。也正因此，K11 专门成立了艺术基金会，这个基金会的职责，就是寻访全球艺术家作品和展览，把它们对接到分布于不同城市的 K11 里。

"这个基金会会收藏一些参展的作品。有时也可能会补贴参展的艺术家，让他们的作品出现在 K11。"上述人士补充说。

广州 K11 的店铺装修风格，
要受到 K11 的监督，
符合它的审美。

"到底什么是零售？零售是一个交易场域，满足人们各式各样的欲望，历史告诉我们，零售以实体空间为重心，比如市集、广场和商店。互联网兴起，'新零售'到来，未来商店，无论是实体或者虚拟世界，都不单局限于买买卖卖，它该是一种体验，这个零售体验的过程，是一种时代的产物。"

K11 艺术基金会独立于商场体系，在过去这些年，这个基金会与伦敦蛇形画廊、巴黎东京宫以及 MoMA PS1 等艺术机构达成了合作，中国艺术家的一些作品因此获得了在这些艺术舞台中展出的可能性。在国内举办各种类型的展览，也由它操持对接。比如 2018 年 11 月在广州 K11 门前展出的艺术家二人组 Elmgreen & Dragset 的户外雕塑"梵高的耳朵"，就是 K11 艺术基金会的藏品之一。

在 K11 的空间范围里，艺术和商业未必冲突。从 K11 的运作来看，艺术空间与商户的独特性是吸引消费者的卖点，但想要持续吸引人来拜访，恐怕它得让消费者能持续从这些卖点获得更多权益。

艺术购物中心的核心，是先满足占比更大的普通消费者的购物需求。在这些消费者都已经形成规模和达到一定的商业诉求后，再投入资源，为那些每年消费额度稳定增长的消费者提供专属服务，挖掘更多的商业潜力。

K11 的管理层注意到了这一点。到目前为止，它主要选址在城市的中心地带，比如广州珠江新城，周边是高档住宅区、超甲级写字楼以及多个文化地标；或者深圳的太子湾，它在港口与游轮码头旁边，又在南山附近，这些地方都聚集了消费力很强的人群。

作为一种新型购物空间，风格延续性也是 K11 保持购物中心生命力和吸引力的方法之一。从软件上看，通过引入不同艺术品展览，以及经典展览的多次再现，可以让艺术内容不断更新——但如何把握消费者喜好也是个挑战。从硬件上看，如何保持空间持续更新，则是 K11 仍然在研究与思考的问题。

"尽管我们参与的一些其他城市的 K11 项目还在设计阶段，但我们收到的信号是，在设计中要考虑当前十一二岁的这代人，未来 8 年、10 年或者更长时间，他们喜欢什么，这个购物艺术空间能给他们提供什么。"杨家声说。

"到底什么是零售？零售是一个交易场域，满足人们各式各样的欲望，历史告诉我们，零售都是以地方、空间、场域为重心，比如市集、广场、商店。随着互联网的出现，新零售到来，未来商店，无论是实体或者虚拟世界，都不应局限于买买卖卖，它应该是一种体验，这个零售体验的过程，是一种时代的新产物。"郑志刚在一篇名为《我眼中的"未来商店"》的文章中这样写道。

目前看来，这也是 K11 购物艺术空间的商业野心。

郑志刚

郑志刚，香港新世界发展有限公司执行副主席兼总经理，K11 创始人。他将艺术和商业结合，提出了"博物馆零售""像看展一样逛购物艺术中心"的概念。

Q 未来预想图

A 郑志刚

Q：商业地产发生了很多变化，尤其在内地。你认为，为什么会发生这些变化？

A：这是正常的情况。过去 10 年，业态、技术、渠道和客群都发生了很大变化，"80 后"、"95 后"和"00后"，这些年轻的群体都在成长，成了新的消费力，顾客的要求、希望、期待的购物体验都在发生变化。

业态上，消费者对卖场的需求，从单纯购物提升到场景体验，再提升到服务品质。根本上是中国经济发展带来的改变。这也体现在旅游业中，因为人们的视野越来越广。这些变化意味着人们对产品质量、时尚度等要求也更高。

从商业上来说，形态从百货进化到购物中心，从购物中心再到场景体验。渠道也在发生变化，从线下，到线上，再线上线下结合等，越来越丰富。消费者拥有更多选择，他们可以选择线上、线下购物，或是国内、国外购物。此外，零售业态变化的周期越来越短，以前 5 ~ 6 年一个周期，现在缩短到 3 ~ 4 年，新周期和新技术，带来新零售形态。

作为运营者，新世界集团是一家 B2C 公司，从文化、人文、品位等方面，获知零售变化的脉动，以及发生了什么、变化在哪里。每个项目侧重点不同，一些侧重亲子活动，一些侧重文化。出发点是了解消费者需要什么，前瞻性地制定发展战略。

Q：新世界此前的零售运营经验能提供什么参考？

A：我们做商业品牌，很重要的一点是不跟风。我们需要前瞻性地了解5年后消费者需要什么，这很重要。建一个商业项目，可能需要4~5年，那时候世界已经变了。顾客四五年后需要什么，需要提前调研和预测。现在跟风的，四五年后就过时了。有经验并了解变化趋势，就有自信把品牌化做好。

品牌化最重要的一点是原创，要有自己的DNA、愿景和使命感。品牌对自己要走一条什么路需要有很清晰的想法，比如给未来消费者提供什么样的产品和服务。最难的不是预测什么可以火，而是如何发展自己的商业平台和理念，以及自己要对发展道路有坚定的信心。DNA的保持很重要，当你拥有一个可持续的愿景，并基于此制定战略后，所要做的，就是不断经验而已。

Q：既然整体规划如此重要，你们制订规划的节奏是怎样的？

A：我们每年都会梳理策略，大方向不会调整，但细节有变化。梳理不仅仅体现在业态上，还有对顾客需求的研究，时时刻刻保持敏感。购物中心不能只做收租的模式，商业空间也可以有灵魂。消费者服务不仅是卖东西。

比如，新世界生态圈包含策展。策展规划中，就要把消费者周边的生活连接起来，覆盖教育、医疗和养生等主题。通过这种方式建立更大生态圈，消费者就可以在新世界生态圈里"游来游去"。

这个生态圈可能是整个社区，有住宅、办公楼、酒店、学校、养生馆、购物中心、K11、亲子活动体验中心和教育机构，多元品牌在新世界生态圈里共融，通过一个App，把生态圈里的形态连接起来，了解他们变化的需求，这个价值很大。

> 他们喜欢什么，
> 我们提供什么，这很重要。
> 不可能设置一些消费者
> 不喜欢或不明白但运营者自己
> 想要的东西，这样就要花很长时间教
> 育消费者，成本太高。

这就是消费者需求管理，比建立一个商业中心要更有价值，更长远和更可持续。

Q：怎样的消费者研究是有价值的？

A：每个项目、每个城市都有消费者研究。集团有研究中心，研究全球"80后""90后""95后"和"00后"的消费者需求，研究如何围绕他们建立生态圈，策略如何制订。互联网十分迅捷，即便同为"80后""90后"，海外的和内地的，他们的性格和消费者习惯不同，但相互影响。尤其是比如美国等西方国家，他们的"80后""90后"会影响中国的这一群体，这些影响体现在消费者习惯，对自我的欣赏、印象以及表达方式。研究全球发展变化的脉搏，让他们互相影响和流动，这是一个趋势。

中国的"80后""90后"，使用互联网观看视频、电影，以及电视，比其他国家多1~2小时。微信和支付宝等已替代现金成为更普遍的支付方式，这点比境外生态圈游走得更快。

可供类比的是美国流行音乐，它发展历程更长，全球影响力更大。于是我们看到，美国的一些歌星，会专门针对年轻人制作音乐，开演唱会。

Q：不同的消费文化在不同国家如何表现？如何相互借鉴和影响？

A：全球化在"80后"和"90后"这一代上有些特征，比如共享经济。美国在租赁共享方面走得更靠前。内地

有共享办公楼，而美国的共享概念体现在租赁。租赁不是拥有，中国还不太流行——比如说租条裙子，租个包包。在二手商品方面，中国和美国、欧洲的想法有所不同。

共同创造产品也是趋势。比如，和品牌一起创造一个产品，不是一个人独自去创造。个体参与其中，和品牌一起去做。这点在"80后""90后"的群体中正在流行。

服务方式也变化了。服务不再仅仅是零售服务、产品服务，不是买东西。消费者的需求变成了购买服务。

生态圈提供医疗、养生、教育以及理财等各方面服务，使得"80后""90后"，在购物空间购物，不仅仅选择产品，还可以从多元化品牌中，选择生态圈中的各项服务，这就不同了。

以前的消费者去购物空间的需求是买衣服，有餐饮再吃点东西。现在不一样了，品牌还提供其他服务，比如是不是可以满足其他生活需求。新世界生态圈的内容广泛，比如房地产。内地土地储备中，大湾区土地储备占内地土地储备的比例超40%。布局很早，比较有前瞻性，这为以后的业态发展留出了想象空间。

Q：你们在不同分级的城市中都有什么策略？

A：新世界主要在一二线城市布局，商业形态有酒店、购物中心、百货、办公楼、K11办公楼、K11零售，以及新世界酒店等。未来计划在医疗服务、医院、养生、教育、亲子品牌等铺开。覆盖的消费者群体从儿童到老人。

一二线城市的经营策略相差不大，落地方法有不同。总体来说，我们的目标是建立多元文化生活区，也就是我一直强调的生态。如果我们进入三四线城市，或者县级城市，做法可能会有差别。

Q：K11的选址会考虑哪些因素？

A：K11的品牌概念包括人文、艺术和文化，目标是吸引有品位的年轻人消费，喜欢这里的文化和消费。到K11的不仅是消费力比较强的群体，他对文化和品位

也有要求，想欣赏和探索。

这也是选址集中在城市中心地带的原因，比如广州的珠江新城。选择在住宅或办公区周边的文化区，这是比较理想的。深圳太子湾在港口旁边，紧挨临海游轮码头，附近是比较高档的住宅区。

选址也考虑办公楼和新世界产业区附近，有利于未来建立K11品牌。选址所在区域要有很强的DNA，有好的发展潜力，有历史沉淀，或者有海景、江景，或者是新CBD和文化区等。它们都要在城市中心地带。

Q：K11的定位是什么？

A：品位商业。

Q：在你看来，作为商业体运营商，是满足已经明确的

客群需求，还是应该引导消费者的需求转变？

A：首先要符合消费者口味。他们喜欢什么，我们提供什么，这很重要。不可能设置一些消费者不喜欢或不明白但运营者自己想要的东西，这样就要花很长时间教育消费者，成本太高。

这也是为什么我们选址在一二线城市，K11的定位更满足那里消费者的需求。而且我们会在二线城市有专门的副品牌，它类似于孵化器，目的也是更贴近那里消费者的需求。

Q：这是差异化的品牌策略吗？

A：是。K11在香港开全球旗舰店，取意"缪斯女神在海的旁边"，代表原创力和原创品牌。原创品牌要建立自豪感，向全球输出软实力。缪斯就是我们的原创力，我们的创意创新和创造力，这是我们从中国输出给全球的新的理念和方向。

每个城市有适合当地消费者的策略。同时有文化教室、艺术展览、艺术空间，都是希望可以潜移默化影响消费者，有一些消费者希望在文化方面自我提升、自我探索，我们可以给他们提供这样的服务、内容和DNA，给他们提供价值。

K11的目标是设计一个创意之旅给消费者。也就是说，我向你提供内容，你自己去探索，我没有权力教育你，但我可以给你空间、平台和内容让你探索，让你创造知识，累积经验和记忆，以及对文化、对生活、对社会的领悟，这是K11可以提供的。

很多人问我K11代表什么，K11不代表任何东西，每一个人对K11都有不同的了解和解读，这种解读不是我告诉你什么就是什么。

此外，我们要孵化当代中国的文化力，比如为有潜质的设计师和艺术家提供帮助。

我们希望做原创品牌。K11购物中心和办公楼，都有文化课程，希望消费者都可以参与到文化的探索中。K11有导览，消费者看每一个艺术品、每一个展览空间，都可以更深入地感受到艺术品对自己有怎样的冲击。每天，有很多人参加导览团和文化课程，这是对文化传播形式的探索。

当然，从商业角度看，消费者停留时间增加，客流增加，销量可能也增加，这是两者兼顾。

Q：你觉得K11品牌概念中有什么颠覆性的想法？

A：比如博物馆式的零售形态。放一个美术馆、博物馆在一个零售体里，是比较创新的方向。在商业体里，用一个平台和空间策展内容，从服装服饰、业态、艺术、文化、设计、社会、生活及音乐等不同纬度，实现跨界和跨平台。

Q：在K11之前，你有没有在哪个项目中改变团队的想法，并推进落实，并且打上自己烙印的例子？

A：当然，比如新技术运作。不是每位员工都了解新技术的重要性。

在香港时，新世界做了第一个可以网上登记买房的系统。以前买房登记是手写，把登记好的纸递给会员中心。后来我尝试无纸化，线上登记。开始时也有人说这个不行那个不行，但试了一两次后，消费者体验很好，人流量增加，登记率增加，很成功，这就成为公司首创了，竞争者也跟风。

在新世界集团，我做了34个IP，这是我们团队自己开发出来的。原创非常重要，但我们并不是天马行空地开发，这34个IP和我们的产业链新旧共融，这非常重要。如果没法产生价值就没有意义，付出的成本也无从回收。

Q：未来，K11有什么发展规划？

A：2024年前计划全面在中国内地铺开，在9个城市铺开28个项目。也会品牌多元化。28个项目中，有十几个会是购物中心。ⓜ

为什么它的品牌
塑造深入人心?

by/ 戴恬 周思蓓 *photo/* 森大厦

你可能习惯了一座建筑通过建筑师或者设计师打响名号,但如果它找了只像哆啦 A 梦的机器猫当代言人呢?

02

曾找来安藤忠雄设计建筑的森大厦,
为什么总是建造摩天大楼?

森稔一直有一个关于摩天大厦的梦。他出生于 1934 年,毕业于东京大学教育系,曾在东京大学新闻社担任编辑。自 1993 年成为森大厦的社长以来,他将一座座大厦编织入东京的版图,成为这个城市新的坐标。

他是京都蝉业高等学校老师森泰吉郎的次子,老家在东京港区经营米店,同时也出租米店的其他空房间去赚些房租。大学时代森稔曾因胸膜炎在老家休养。在这期间,他参与了老家建筑的整改再建,主要负责了入住者的招募——大约这便是他从事房地产开发的引子。不过那个时候,他的梦想还是成为一名小说家。

森稔的父亲森泰吉郎创立了不动产事业"森大厦",起点是办公楼。这些功能较为单一的办公楼们,被统一以"地方+数字序号+森建筑(森ビル)"的形式命名。其中,1970 年建成的"虎之门 17 森建筑"最高,有近 60 米。

20 世纪 70 年代以后,森大厦经手了几处商业设施与集合住宅的项目,渐渐开始尝试复合化建筑。1978 年开业的 Laforet 原宿是第一家商业设施,自开发阶段就步履维艰。店址离交通站点有些距离,加上原宿夹杂在已然成型的新宿与涩谷商业区之间,使得店铺的招募并不顺利;百货商店的经营者们认为来原宿的多是年青一代,担心开店收益不会太高,但当时居住在原宿的森稔积极推进了这个项目。他通过降低房租与保证金,吸引时尚服饰产业的小型商铺进驻,将 Laforet 做成了一个年轻顾客的商业中心。

森稔认为在街区内应该播下文化的种子。Laforet 原宿的六楼是 Laforet Museum,在那里可以举办一些

01/ 东京六本木 hills。
02/ 东京虎之门 hills 森塔楼。

服装新品发布会，展览会或者公演。这些经验与想法后来被体现在综合大街区的开发与运营上，比如六本木 hills 的 Mori Art Center Gallery 等。不过这已是几十年后的后话了。

森大厦的成熟伴随着其设计部门的变革。自公司 1959 年创立至 20 世纪 70 年代，设计部门只是个技术部门，只负责大楼开工到竣工期间的项目管理，确保建筑品质。1975 年起，公司开始招聘专业的建筑系毕业生，进入 20 世纪 80 年代后，则整体向设计事务所转型，实施设计到工程监理。20 世纪 90 年代后半叶，以六本木 hills 项目的开发为契机，森大厦的设计部门积极参与大规模的复合开发，由此，除了设计监理之外，如何描摹大街区的未来图景，成了设计部门的主要研究课题。

而这些年，东京也俨然膨胀成一个超级城市。人口源源不断地涌入，人口密集成了一个亟需解决的问题。根据日本总务省统计局 2013 年土地调查，在东京，人均居住面积仅有 21 平方米。

森稔得出的答案，是"立体庭园都市"（Vertical Garden City），这是一种复合型大规模街区计划。摩天大厦构成区域的主要部分，大厦向下拓展，建造晴雨两用的地下街，联通地铁网络；楼中则将"职、住、游、商、学、医、憩"等各个功能高度集中起来；大楼向上延伸，设计成空中花园或观景平台。有趣的是，地上街区则返璞归真：街区道路重新规划，整顿交通，建造花园绿地，开拓公共空间，广场成为整个街区的核心。

这也符合很多建筑师认同的一种理念——建筑的灵魂在于"公共性"。为森大厦在东京的项目——表参道 hills 做设计的建筑师安藤忠雄认为，公共性是多样的，可以是在新设计中体现出与过去历史的联结，抑或是单纯创造出人们可以聚集的场所。公共性不仅仅依仗设计者的巧思，也体现于日常的使用中。建筑师丹下健三则认为，倘若失去了这种公共功能，建筑已然死去。

2004 年建成开幕的东京六本木 hills 就是这种观念下诞生的产物。地下三层，连接六本木地铁站，到达地上后，映入眼帘的是架空了一二层的广场。开阔的公共空间能够容纳更多客流，也能时常举办一些活动。原本就在此处的毛利庭院也得以保留。位于 52 层的森美术馆，既是接触艺术的好去处，又可徜徉其间，远眺东京的城市风景。2014 年建成的虎之门 hills 也是 247 米的超高层建筑；东京都环状二号线从地下贯通，将连接起羽田机场与东京都心，还将延伸到 2020 年东京奥运会选手村。

01

02

在一块地区的开发过程中，森大厦承担着
整体统筹、蓝图规划的角色。设计的具体
细节委托给专业的设计所实现——表参道
hills 由安藤忠雄设计，虎之门 hills 则是委
托给建筑事务所"日本设计"；施工则是由
建筑公司施行。一个项目从设计到完成，需
要多方面的协作与平衡。

一块地区的改造往往还要牵扯到土地所有
者的意见。为了促成地区的开发，需要争
取到土地所有者的首肯，这往往要耗费数
年之久。六本木 hills 从立项到开始设计，
耗费近十年的时间，与 400 多位土地所有
者协商。表参道 hills 则继承了再开发前的

01 / 东京 ARK hills。
02 / 东京表参道 hills。

道路树木景观，活用地下空间，控制楼层层数——据安藤忠雄回忆，这也是应了地权者的要求。

安藤忠雄评价森稔是一个"打心底为街区谋划的人"。这些建筑的设计中，少不了森稔本人对整个街区融入城市的浪漫构想。如今的表参道 hills 前，一条细细的流水涓涓流淌。据安藤忠雄回忆，这个设计的灵感也来自于时任社长的森稔。那天，森稔给他打来电话："表参道是通向明治神宫参拜的道路，我想要有象征着清净、净化的水流从建筑前流过。"

六本木 hills 除了商业楼之外，住宅楼内居住着近 400 住户。六本木 hills 里有一切能够满足居住需求的设施：医院、影院、幼儿园、宠物店等。

虎之门 hills 所在的新桥是大公司和大使馆林立的区域，2020 年东京奥运会期间这里也会有大量游客。森大厦将这片区域定位为"国际新都心"（国际性的城市核心）——整合了办公、高端租赁、国际会议室等功能。

02

新时期的品牌塑造：

让一只跟哆啦 A 梦很像的猫，

成为虎之门 hills 的代言人

与其他项目不同，虎之门 hills 有着更加全面的品牌经营与传播策略。森大厦请来了广告制作公司 SUN-AD 为虎之门 hills 制作了一整套品牌传播计划，包括 logo、平面设计、视频、广告词、周边商品等。这家广告公司由日本三得利宣传部独立而来，除了三得利的宣传营销，还曾负责东京地铁（東京メトロ）、传统和果子老铺虎屋等企

Toranomon 系列海报

视频广告"ぼく、トラのもん。篇"（我、Toranomon。篇）截图。Toranomon 的左边是虎之门 hills 的 logo。

Toranomon 形象
© 藤子プロ·© 森ビル

业的营销传播。

虎之门 hills 的 logo 来自繁体汉字"門"的简化，底下一行字是虎之门 hills 的英文名"TORANOMON HILLS"。"門"字暗喻虎之门 hills，全球信息在此交汇融合，并再次发往全球。为了贴合虎之门 hills 建筑简洁的设计风格，logo 去繁化简，英文字母则特意拉长，营造肃穆坚实的气氛。整个 logo 形态可以想象成建筑的柱子，也有些像延伸的高速公路。

虎之门 hills 甚至有自己的吉祥物：Toranomon（トラのもん），这是一只长得

很像哆啦 A 梦的卡通形象，而且确实是与哆啦 A 梦版权所属方——"藤子制作"公司共同制作完成。这只"机器猫"身上的花纹正好是虎之门 hills 的 logo。在人物设定中，它来自 22 世纪的东京，坐着时光穿梭机来到现在，为了城市建设出谋划策。

宣传计划还包括联合广告公司电通做的一系列视频广告与海报。在虎之门 hills 开业前一天，日本的电视台开始播放 3 支开业广告，向观众展示 Toranomon 在虎之门 hills 里的生活。由于刚好赶上哆啦 A 梦 3D 电影《STAND BY ME》上映，在社交网络上成功引起话题。

开业前两天，《朝日新闻》《日本经济新闻》等报纸也刊登了 Toranomon 主题的双开彩色巨幅海报。头顶竹蜻蜓的 Toranomon 从天外飞来，一排醒目的白字传达出品牌讯息——"Hello, Mirai Tokyo!"（你好，未来东京！）。这句话也作为系列海报的主题广告词，一直延续下去。

此后的每个新年，虎之门 hills 都会发布一张新的海报，刊登在元旦的报纸上。它们高度浓缩这一年的新动态，比如 2019 年的海报，4 个 Toranomon 从任意门中出现——虎之门 hills 最终将由 4 个塔楼组成，2019 年商务塔楼将建成，居住塔楼与站前塔楼也正在建设中。

Toranomon 让虎之门 hills 不再只是一栋冷冰冰的建筑。以 Toranomon 为主题的笔记本、马克杯等周边也顺势诞生，定位"不只面向孩子，也面向成年人"。开业期间，销售周边商品的特别店铺排起了长队。这个系列还在持续开发，并延伸至多个产品领域。谁能拒绝这个憨态可掬的家伙呢？ Ⓜ

Toranomon 出过不少周边商品，图中这些分别是 T 恤、玩偶，以及与意大利文具商 MOLESKINE 合作的笔记本。© 藤子プロ·© 森ビル

Selfridges 在伦敦牛津街门店推出规模空前的配饰部门，对其盈利能力寄予厚望。

全球最佳百货的秘诀

by／姚芳沁 *photo*／Selfridges

Selfridges 似乎从来不担心电商对实体百货的冲击，
它集中投资优化有限的门店而非盲目扩张、通过设计展览装置鼓励店内社交体验，
再加上大胆的营销创意，它把实体店的优势发挥到了极致。

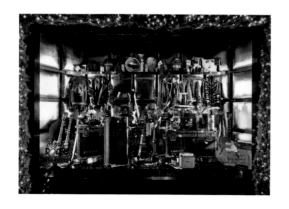

2018 年圣诞，英国伦敦 Selfridges 百货的橱窗以摇滚为主题。

2018 年的圣诞，英国伦敦 Selfridges 百货的橱窗被打扮得格外闪亮耀眼。摇滚是这一年的圣诞橱窗主题，皇后乐队主唱弗雷迪·默丘里（Freddie Mercury）、大卫·鲍伊（David Bowie）等 12 名摇滚巨星变身圣诞老人，每个假人模特都参照他们最经典的舞台造型 3D 打印出来。

为营造梦幻般的星光魅力，Selfridges 在橱窗内使用了 1500 幅亮片窗帘，其亮片加起来总长有将近 5 公里。亮片墙纸由英国设计师翠西·肯德尔（Tracy Kendall）设计，经职人手工制作完成。假人手持的复古麦克风上嵌有 2000 颗施华洛世奇钻石。复古剧院座椅道具产自 20 世纪 70 年代，配上天鹅绒后装饰一新。所有人物使用的吉他道具都是从摇滚传奇巨星伯尼·马斯顿（Bernie Marsden）那里租借来的，他拥有不少珍贵的吉他收藏。

百货公司装点圣诞橱窗是每年的营销盛事，可还很少有人像 Selfridges 这样在细节上如此投入成本。你也不会在 Selfridges 的橱窗内看到任何带有销售的元素——极尽奢华的橱窗完全为消费者兴趣而设计。

作为全世界客流量最大的百货公司，每年有约 1.6 亿人访问 Selfridges 的实体门店和数字网站。2018 年，Selfridges 以"用户体验的杰出管理""独特的商业头脑"以及"惊人的创意"被全球百货行业协会评选为"全球最佳百货公司"。

全球百货行业协会拥有来自 38 个国家的42 名百货公司成员，是全球最大规模的百货协会。每两年，它都会评选全球最佳百货公司，而这已经是 Selfridges 连续第四次成功当选。至少到 2020 年下一次评选之前，没有人能撼动 Selfridges "百货第一"的位置。

不论是本地消费者还是观光客，他们总能在 Selfridges 找到令人惊喜的体验，从创业之初，Selfridges 就像一个充满创意的戏剧表演者。

Selfridges 的历史开始于 1879 年的芝加哥。23 岁的哈里·戈登·塞尔福里奇（Harry Gordon Selfridge）在当地知名的百货公司 Marshall Field's 找到了一份工作，花了20 年的时间，他慢慢晋升到了公司初级合伙人的位置。1893 年的世界博览会在芝加哥举办，Marshall Field's 为此邀请了知名建筑师丹尼尔·伯纳姆（Daniel Burnham）为百货公司添加了一座壮观的附楼，伯纳姆也是芝加哥博览会的建设总指挥。从那时开始，Selfridges 认识到，戏剧般的改造能给零售店带来空前的能量。

1906 年，塞尔福里奇来到伦敦，发现这里还缺少一家优质的百货公司，于是便成立了自己的品牌 Selfridges。投资了 40 万英镑，塞尔福里奇在牛津街上建起了一座新古典主义风格的宏大建筑。在塞尔福里奇当时的计划里，这间百货公司需要"为购物带来一场革命"，购物，也可以从"任务"变为"一场有趣的社交活动"。1909 年 6月，第一架飞跃水域的飞机在 Selfridges 展出，吸引了 15 万人前来参观。1925年，由发明家约翰·罗杰·贝尔德（John Logie Baird）开发的第一台电视机，也是在 Selfridges 第一次公开对外展示。

那些与 Selfridges 在同一时期成立的老牌百货公司，今天几乎都在倒闭的边缘挣扎。英国百年老店 House of Fraser 于 2018年申请破产。另一家英国连锁百货集团 Debenhams 在 2018 年面临创办 240 年以来的最大亏损，面临倒闭危机，大规模关店裁员难免。拥有 88 年历史的英国著名连锁百货商店 BHS 在 2016 年关闭了最后20 多家商铺之后，已经彻底结束其在英国的经营历史。百货零售的危机不仅在英国，也在全球蔓延。

在如此悲观的氛围下，Selfridges 却凭借强劲的业绩成为一个异类。2017 财年，Selfridges 的销售额达 17.5 亿英镑（约合157 亿元人民币），在 2016 财年业绩基础上增长了 11.5%。

"现在我们可以在互联网上买到全球各地的产品，作为消费者，我们对零售店也有了更高的要求，我们需要能让我们兴奋和愉悦的购物体验，但至今还是有很多百货公司做不到这一点。"市场调研公司 Springboard 营销总监黛安·韦勒（Diane

Wehrle）认为，以往百货公司最大的卖点——把不同品牌集中到一起销售，在互联网时代下已经失去了意义，而那些表现最差的百货公司至少有 10 年，甚至是 20 年没做过任何改变。

01
零售的核心在发生变化
从卖东西到传播体验

Selfridges 很清楚，零售的核心已经从过去的交易变为了体验，它们用策划店内装置和展览的方式营造体验。

2018 年 4 月，Selfridges 举办了一场名为"另一面"的免费展览，邀请了 7 个品牌设计装置，就"什么是奢侈"给出各自的定义。这个展览被安排在 Old Selfridges Hotel，这座巨大的空间就位于 Selfridges 百货楼上，尽管它作为酒店的功能已成历史，但依然会时不时地对外开放举办活动或是展览，入口就位于 Selfridges 的餐饮区。百货公司现在大都已经学会利用店内的艺术展览来提升人气，但 Selfridges 每次的展出依然能在规模和体验上胜出。Old Selfridges Hotel 独特的工业气质为展览创造了一个封闭的沉浸式的体验，让展览在创意上有更多的发挥空间，而不需要受百货空间的局限，Selfridges 在展览的主题策划上甚至不输于一些专业博物馆展览，展览在 Selfridges 绝不仅仅是一种摆设。

在"另一面"的展出中，Louis Vuitton 的装置由屋顶悬吊下来的不同岛屿组成，每座岛屿用沙子或是水下植物展现出不同生态，来表达 LV 对未来旅行体验的设想。英国时装设计师加勒斯·普（Gareth Pugh）和他的同名品牌则把人们带进一间

铺着沙子的黑暗房间，墙上播放着他和他的母亲在沙滩上行走的视频。Loewe 认为自然即奢侈，在一个如同绿色森林般的雕塑群中，不同的生命体和谐共生。美国时装设计师汤姆·布朗（Thom Browne）和伦敦调酒师雷恩·齐提雅瓦达那（Ryan Chetiyawardanna）合作，利用不同物件激发人们对气味的记忆，为每个到场的人定制了一款鸡尾酒。

而在 2014 年，Old Selfridges Hotel 还被改造成了一个室内滑板空间。由于伦敦禁止人们在公共区域内滑板，而指定的滑板场地又十分有限，这让那些酷爱滑板的年轻人很是烦恼。Selfridges 的滑板空间一出现便大受欢迎，Selfridges 后来决定把这个项目固定下来。于是，2018 年，一个大型的室内滑板装置被放进了 Selfridges 的男装街头服饰区，成为永久设施，这也是伦敦市内唯一一家室内滑板空间。而那

Selfridges 在 2018 年 4 月举办了一场名为"另一面"的展览。它邀请了 7 个品牌设计装置，就"什么是奢侈"给出了各自的定义。

01

02

03

01-03 / Selfridges 打破了过去按产品类型划分的方式，以生活场景对产品重新归纳整理，这是它针对内衣、泳装、睡衣和运动装备等产品推出的 3500 平方米的"身体工作室"卖场。

些喜欢滑板的年轻人会在 Selfridges 玩一会滑板，再顺便带回几件潮牌，他们通常也是街头服饰的最大消费者。

除了这种特别策划的大型展览以外，Selfridges 还会常年在顶层花园发起各种企划，比如搭建滑冰场、临时主题餐厅等。两个固定的展览区域也会不断更新内容，Selfridges 甚至举办过一场削土豆的活动，目的是"帮助消费者缓解压力"。

Selfridges 每年会举办 6 场大型的营销活动。通过与艺术家、设计师和品牌合作，Selfridges 创作出独具创意和颠覆性的橱窗展示和零售概念。

2014 年 9 月，Selfridges 举办了一场以设

计师瑞克·欧文斯（Rick Owens）为主题的概念体验，取名"Rick Owens 的世界"。这是迄今为止 Selfridges 单独为一位服装设计师举办的最大规模的营销活动。

为了体现设计师的另类风格，Selfridges 毫不在意地把一个 7 米多高的瑞克·欧文斯半身裸体像挂在了正门上。这个雕像由英国雕塑家，同时也是瑞克·欧文斯本人的长期合作伙伴——道格拉斯·詹宁斯（Douglas Jennings）完成，你可以在包括白金汉宫的皇家收藏内看到詹宁斯的作品。欧文斯本人不仅为 Selfridges 设计独家服装系列，还精选了家具、餐具、相册和书籍等产品，定制橱窗展示，向人们开放自己的灵感世界。

02
新投资投向哪里？
不为扩张，Selfridges 的单体项目改造

与其他连锁百货公司不同的是，Selfridges 并不热衷于实体店在数量上的扩张。Selfridges 目前总共只有 4 家实体店面，分别位于伦敦、伯明翰和曼彻斯特三大英国城市中心的人口密集区域。而其主要的销售，都来自于伦敦牛津街上的旗舰店，这就便于它更集中投资和管理。

2014 年 Selfridges 宣布了价值 3 亿英镑（约合 31.3 亿元人民币）的投资计划，用于牛津街门店翻新，截至 2019 年 1 月，这个数字也创下了全球百货公司中针对单体项目投资规模之最。整个改造分为三个阶段，目前已经基本完成。

2017 年 7 月，Selfridges 首先完成了一个接近 2000 平方米的设计师工作室，

Selfridges 在这个区域内会对每一季看好的设计师系列以及新兴设计师品牌做出自己的编排组合，而收入的品牌也会拿出自己的精品系列，与它们在 Selfridges 固定的品牌专柜有所区分。

在设计师工作室，街头品牌 YEEZY、Vetements、Off-White 和新兴品牌 Grace Wales Bonner、ARTSCHOOL 和 Marine Serre，以及高街快时尚品牌 Topshop、Whistles 摆在一起。"尽管很多零售商都提供高端和低端组合的陈列，但 Selfridges 的搭配总是恰到好处。因为它有很清晰的态度，消费者来到百货商店就是希望看到一种独特的观点和搭配。"黛安·韦勒说。

三个月后，Selfridges 又推出了 3500 平方米的身体工作室，打破了过去按产品类型划分的方式，转而以生活场景对产品重新归纳整理。比如，运动服饰和可穿戴设备，如果把它们视为服装和电子产品，就会被分隔在两个不同的楼层。Selfridges 的做法则是，把它们视为一种健康的生活方式，因而，在身体工作室会看到，内衣、泳装、睡衣和运动装备等在内的产品都被归到了一起。这方便了那些爱好运动的人们购物，也能激发他们更多的消费。

消费者还可以在店内新开的健身房里健身，或是预定私人教练。为了配合身体工作室推崇健康的生活态度，Selfridges 把健康品牌 Hemsley+Hemsley 邀请来，在"身体工作室"开设了品牌第一家咖啡厅。这个 30 人座的咖啡厅会提供全日健康美食，食谱都来自于两位创始人的畅销书。

在"身体工作室"开业之时，Selfridges 组织了名叫"每个人的身体"的营销活动，举办了讲座、骑行训练和瑜伽等课程。在一支名为《了不起的机器》的宣传短片中，打破了内衣广告通常把女性塑造成拥有完美身材的做法，赞美有着不同缺陷的女性身体。

2018 年，Selfridges 在伦敦牛津街门店推出了全球占地面积最大、约 5500 平方米的配饰部门，面积约为它一层面积的三分之一，标志着改造的最后阶段也已完成。英国建筑师大卫·奇普菲尔德（David Chipperfield）还为 Selfridges 设计了一个面向东侧的新入口，这个有三层楼高、充满艺术气息的入口将直通新完成的配饰部门。配饰日益成为奢侈品牌最重要的收入驱动，Selfridges 也计划这个规模空前的配饰部门能成为未来主要的销售来源。

在一个约 370 平方米的眼镜卖场内，消费者不仅可以在这里买到独家品牌的眼镜，而且在一个小时之内，就能够拿到调配加工后的眼镜。Dior、Ray-Ban、Tom Ford 和 Retrosuperfuture 等品牌还专门为 Selfridges 推出了独家设计。手包和小型皮具配饰被归在一个名为 Progressive Edit 的区域，此外还有珠宝区、美食区以及和东京青山花市合作的一间花房，其间分布着由户外画廊 Yorkshire Sculpture Park 策划的艺术装置。

"Selfridges 如此大规模的投资，加上其产品组合上的创新，再次证明了为什么在拥挤的零售市场，它依旧可以保持领先。"黛安·韦勒说。

03
新时代谁是重点顾客？老百货的新计划

通过与来自不同领域最优秀的创意公司合

Selfridges 眼镜卖场。

作，Selfridges 总能快速捕捉到最新潮的文化趋势，这也让它获得了千禧一代和 Z 世代消费者的青睐，这个群体也是奢侈品消费市场最重要的贡献者之一。

接下来，它扩张的重点将会放在数字渠道。Selfridges 在电子商务领域起步较晚，其全球电子商务业务的总收入仍然不及伦敦牛津街旗舰店一家门店的收入。Selfridges 总经理安妮·皮切尔（Anne Pitcher）也承认，目前最大的挑战是能否将数字渠道与实体门店充分整合，而他们目前还做不到这一点。

但它也已经在线上开始了一些尝试。在 Selfridges 的 App 上，用户可以挑选他们最喜欢的品牌来定制自己的主页，获取最新的品牌资讯和上新提示。消费者还可以直接在 Instagram 上购买产品，Selfridges 是英国第一个推出此功能的零售商。

这家公司还鼓励私人导购建立个人网红品牌，尤其是通过 Instagram。这让导购有了与消费者互动的新渠道，让导购的服务范围不再局限于店内。Selfridges 的私人导购 Raimondo Poncé 在 Instagram 上的账户 @Thelondonshopper 拥有近两万粉丝，他表示，自己拥有很多足球运动员客户，会用 Instagram 和 WhatsApp 来提醒客户新运动鞋上新，当这些新款奢侈品运动鞋出现在大牌球员的脚上之后，很快就会售罄。Ⓜ

虽然是"城市名片"，
却不只是个观光景点

by／钟昂谷 photo／钟昂谷

像晴空塔这样的建筑，在任何城市都会成为旅游目的地。它周边的商业也会针对观光客。但晴空塔却把注意力放在本地人身上。

一座 600 多米高的建筑，在东京这样的大都市里，天然就是一个观光景点。上海东方明珠塔、纽约帝国大厦、巴黎埃菲尔铁塔，不论是建筑本身，还是它们的商业配套，都会主要针对观光客。

但是，在东京墨田区的晴空塔（TOKYO SKYTREE）却有些不一样。它本身当然有高高在上、挤满观光客的展望台，但与它配套的 5.2 万平方米的商业区，却是一个以本地顾客为主的空间，更值得注意的是，它不仅是一个购物中心，还承担了街区核心公共空间的角色。

20 世纪末，日本社会开始出现了一种说法：因为首都圈内高层建筑的持续修建，阻碍了电波信号的传播，东京塔的高度已经不再能满足东京区域内的信号传送。"晴空塔"便在这众多声音的簇拥下被修建起来，以634 米的高度成为日本最高的建筑。

在 2006 年 3 月，墨田区的押上地区战胜了埼玉市等地，赢得了这座高塔的选址。除了电波条件、用地成本、周边景观等优势，晴空塔整个项目的经营者东武铁道，发挥了主要作用。

在此之前，墨田区周边一带并没有大型的商业体。而东武铁道在这里有不少资源可以调动。它努力把晴空塔争取到了自己的势力范围内，就是希望把这个项目变成墨田区的城市中心。

按照晴空塔的说法，这个项目"主要针对周边的居民，以及住在东京都外，如茨城、千叶、神奈川、埼玉等地的消费者，他们距离晴空塔的车程在 30 分钟左右"。这些地区与东京关系紧密，但相比于中心城区，商业又不算发达，晴空塔希望作为连接它们和东京都的接口。

为此，东武铁道投入 1430 亿日元（约合 85 亿元人民币），建造了一个由 3 个业态组合而成的晴空塔城：除了晴空塔本身，还有一座 30 层高的写字楼，以及一个占地 5.2 万平方米的商业中心天空町（Solamachi）。

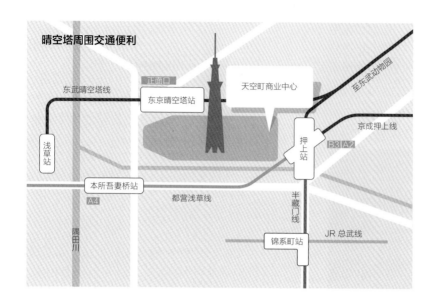

晴空塔周围交通便利

不论是资金投入还是占地面积，在土地稀缺的东京，晴空塔城都是顶级的大手笔。从数字上看，它也确实达到了经营者的野心——成为整个街区的中心。

2012 年 5 月 22 日开业后，第一年光顾晴空塔城参与购买的消费者数量是 2096 万人。单单只是墨田区，便因此带来了 880 亿日元（约合 52.9 亿元人民币）的营收。截至 2018 年 12 月底，已接待了约 2.3719 亿消费者。如果单就晴空塔这一个观光设施来看，也已经接待了约 3400 万人。其中，本地顾客接近三分之二。

在店铺的筛选上，晴空塔城有意针对本地原住民的消费需求。天空町里入驻了 300 多家商店，但你在其中不太容易找到奢侈品。2 层和 3 层的时尚区，主要是 earth music & ecology、URBAN RESEARCH、UNITED ARROWS 旗下系列——这些日本本土的知名品牌被放在楼层主干道的两边。而商业体的外围也都是一些大众可以消费的轻食。

为了吸引本地顾客，晴空塔城着重强调了家庭需求。在这里你能找到一个水族馆、一个带有教育性质的 3D 影院，还有适合周末野餐的屋顶露天草坪，在冬天，还会有冬季限定的溜冰场。

在设计之初，它就尽量控制室内空间的占比，尽可能留出了足够多的公共空间。从西区往东区走的途中，会走过一条长长的玻璃通道，正下方是 4 层的露天活动广场。这么做的目的就是希望周围的市民"就算不来购买东西，也能来逛逛坐坐"。当然，实现这一目标的基础，是晴空塔城面积够大。

在天空町里放入水族馆，也是针对家庭出游的需求团体消费方案的最优考量。和东京都内的水族馆相比，位于塔内 5 层的墨田水族馆的体量不大，但提供了针对本地居民和携带儿童的优惠方案。来这里逛水族馆，有一种逛公园的即视感，类似于在香港九龙公园里看到动物一样的新鲜。

在日本的社会文化里，以家庭为单位一周一次的外食，是一种习惯。他们并不追求水族馆里有多少吸睛的动物，只希望有一个合适的消磨时间的去处。

在商场的 9 层与 10 层，就像中国的购物中心一样，分散着不少针对儿童的教育机构。不过，晴空塔没有选择简单的补习班或是托管店，而是引入了一些新式私塾，比如专门教授机器人知识的机构。

除了商业设施，晴空塔也有意在自己的项目里增加和本地公共机构的合作。在 8 层的东区主厅，是晴空塔城和千叶工业大学合作的项目展示厅。里面展示着每年度千叶工业大学学生的研究项目，包括作业机器人，人工智能与媒体交互技术等。在 9 层有一个邮政博物馆，里面陈列了在日本的大约 33 万种的邮票以及与邮政相关的展示资料。10 层有一个红十字献血中心。

当然，晴空塔不缺观光客。截至 2018 年 9 月，外国观光客占总观光客的比例从 2013 年的 6.8% 上升到了 26.3%。如何做到让观光客和本地人在商业空间里都感到自在，是晴空塔需要思考的问题。

晴空塔下有四条线路，东武铁道运营着一条直接连接浅草寺和晴空塔的线路，这两个景点分隔在隅田川两岸。从浅草寺这个知名景点那里引入一些客流，是这条线路的目的之一。而其他的线路则连向周边的

晴空塔内既有店铺商业空间，也有与本地机构合作的公共项目。

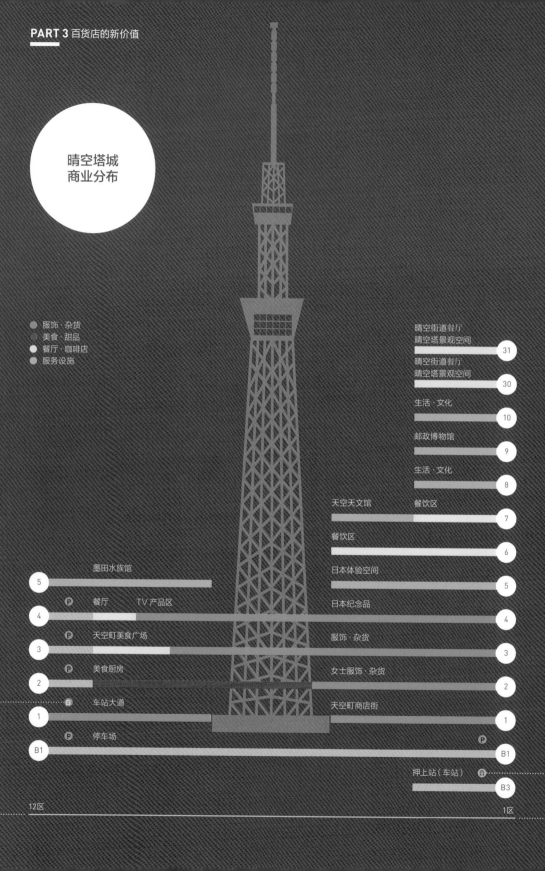

晴空塔城
商业分布

● 服饰・杂货
◎ 美食・甜品
● 餐厅・咖啡店
● 服务设施

晴空街道餐厅
晴空塔景观空间
31

晴空街道餐厅
晴空塔景观空间
30

生活・文化
10

邮政博物馆
9

生活・文化
8

天空天文馆　餐饮区
7

餐饮区
6

日本体验空间
5

墨田水族馆
5

餐厅　TV 产品区
日本纪念品
4

天空町美食广场
服饰・杂货
3

美食厨房
女士服饰・杂货
2

车站大道
天空町商店街
1

停车场
B1

押上站（车站）
B3

街区和城市，还有两大机场。

东武铁道的考量是，如果是行程紧凑的游客，可以乘坐 1 分钟的电车到晴空塔转转；如果出游时间更长，那么可以把晴空塔当作中转站再去更远的日光鬼怒川——同样也是东武铁道公司下的项目。而连接机场的线路，则是为了方便商业办公楼 East Tower 中经常出差的商旅人士，也有吸引外来游客的考量。

有意思的是，虽然浅草寺和晴空塔相隔很近，但从浅草寺乘电车去晴空塔的游客在 2017 年却出现下降。东武铁道认为这可能是因为人们更倾向于从一个景点步行到另一个景点。所以东武铁道正在整治隅田川支流北十间川沿河一带的环境卫生以及道路规划，期待在 2020 年奥运会之前，可以让行人从浅草方向徒步过吾妻桥直接来到晴空塔商业体。

晴空塔东区的 4 层，是一层主打针对外地观光客的纪念品商店。在 Pokémon Center 的对面，是一家名叫"浅草饴细工"（浅草飴細工アメシン）的店铺，你可能会停下来。从晴空塔上参观结束下来的观光客，从西区墨田水族馆方向走过来的家庭团体，从其他区域结束就餐逛过来的游客，或者慕名前来打卡 Pokémon Center 的爱好者，可能都会停下来，驻足观看并交流。

这是一家制作玻璃装饰品的工艺品商店，因其制作工艺精良独特被大家所喜爱。这时候店方通常会把专业的手作职人请来现场，现场制作，展示创作。

这些商店对于本地原住民同样具有吸引力。这可能是晴空塔城对于外国消费者与本国消费者之间的一种平衡。毕竟它希望透过它们吸引人们在这个商业体中继续逛下去。

在晴空塔上，每一两个月会更换商业活动企划案，比如 2018 年年底的七龙珠特设展，2019 年的迪斯尼主题展，以及同年即将开设的芭比展。"在企划主题的选择上，会选择大家（本地人和观光客）都知道的主题来做。如果顾客来了之后找不到共鸣，就会没有兴趣。"晴空塔城的一位内部人士在接受采访时说，"保持新鲜感也是晴空塔在做企划时一直需要考虑的事，（主题展）会经常换，是希望能吸引到客人们反复过来。"

在餐饮方面，晴空塔城也希望尽可能平衡本地人和客人的需求。东区的 6 层与 7 层主打提供日本地方区域的特色有名料理以及东京下町的传统料理，对于游客来说，花费不算多的价格能享用到品类繁多的当地特色料理，是一件容易得到满足的事。而对于喜欢外食的日本家庭来讲，这样的消费也不失为一个好选择。

在写字楼的顶层，是以晴空塔景观空间（SKYTREE VIEW）为主题，略带高级感的料理，任何一家店都能从 150 米高空俯瞰东京的城市外景。而设立在 3 层的天空町美食广场（Solamachi Tabe-Terrace），主要面向附近的本地高中生或者逛街累了想随便吃吃的消费者。它的楼下，则是售卖海鲜水产和蔬菜水果的大型生鲜超市。这里吸引的是墨田区及周围街区的主妇们。

在日本各式各样的地区振兴计划中，观光业都是经常被仰仗的手段。不过晴空塔城没有止于观光业，而是希望借助一个观光资源，形成更持久、与本地关联更大的商业空间。Ⓜ

橱窗如何打动人心?

by／沈易凌

为了吸引顾客走进商店，零售店铺把橱窗变成街边艺术。不管是灯光下闪耀的珠宝服饰，还是科技感十足的现代装置，橱窗变成一种表达方式。它不是结束，而是理解与接纳的开始。

作为品牌文化的栖息地，橱窗正在逐渐成为城市的舞台。如果说零售店铺是一本待人翻阅的书，那么橱窗就是这本书的精致封面。只要留意观察，就不难发现，街头的橱窗就像是抓住了社会的心跳节奏，不仅展示时尚文化的流行趋势，有时还是一场设计师与品牌理念的碰撞。

01
从传统节日到新意橱窗

节日是最能让人产生共鸣的特殊记号，几乎每一扇橱窗都逃不过被节日标记的命运。提及节日橱窗，就不得不提纽约百货商场与零售商店的交织中心——第五大道（The Fifth Avenue）。

第五大道的绝大部分魔力来自于圣诞节橱窗。1935 年，梅西百货（Macy's）首次推出节日橱窗（Holiday Window）。两年后，高档百货商店 Lord & Taylor 以颠覆传统的展示方式首次在第五大道推出了圣诞橱窗，吸引大量游客驻足欣赏。自此以后，每年的圣诞月，第五大道上百货商铺的橱窗成了人们期待的固定节目。

Saks Fifth Avenue 是第五大道精品百货商店之一。2018 年，这间公司首次使用了数码装置，在圣诞节推出了主题名为"梦的剧场"（Theater of Dreams）的系列橱窗。它的灵感最初来源于百老汇的剧场演出，经历了一年多的筹备，Saks Fifth Avenue 与百老汇慈善汇（Broadway Cares）共同合作，重现了美国黄金戏剧时代的奢华感。

橱窗是商家向顾客的一次"搭话"。

01

02

作为展示的一部分，Saks Fifth Avenue 在第五大道的六扇橱窗以粉红色为灯光背景，描绘一位想象中的购物者参观剧院的故事。从舞台场景的塑造、剧场陈设的搭建，到不同角色演员的模特造型、幕后演出的生动再现，Saks Fifth Avenue 的设计团队运用数字动画故事概念，将生活道具与数字屏幕相结合，让整个橱窗充满戏剧化的张力。

"从百老汇梦幻剧场表演，到北美 Saks 零售商店的假日营销，我们努力为客户提供无与伦比的假日购物体验。"Saks Fifth Avenue 的总裁马克·麦特里克（Marc Metrick）说。在十层楼高的灯光秀映衬下，由 124 位百老汇舞者参演的假日剧场在 Saks 百货橱窗前落幕。

02
发掘最优观赏路线

为了记录第五大道的橱窗街景，Google 在 2016 年研发了第五大道圣诞橱窗的 VR 项目 —— 橱窗奇妙乐园（Window Wonderland），与线上博物馆相类似，用户可以放大缩小浏览，还能听到各家店铺创意总监关于橱窗设计的解说。

橱窗陈列位置的选择至关重要。橱窗通常会被安置在空间客流量密集处，但受限于店铺的空间构造、开口朝向、特殊路径，设计师们会在综合顾客的行走路径后选择最优的陈列方位。在 Google 研发的 VR

项目中，顾客追随橱窗的指引，不自觉进入了街道商铺。在这个网站中，点开小窗，你还可以在线购买橱窗里展览的商品。

位于曼哈顿的 Bergdorf Goodman 百货设计过一场糖果主题的橱窗展览。它不仅为爱吃糖果的孩子们营造了一座彩色的工厂，还试图为成人营造一段甜美回忆。街边玻璃橱窗中摆满了巧克力、马卡龙、冰淇淋、棉花糖和彩色的糖果拼盘，百货商店内的各个楼层中也放置了头顶糖果的人型模特。室内橱窗的陈列是对街边橱窗的延续，在彩色糖果的诱惑下，百货商店中的糖果商铺销量大增，被冠以甜蜜色彩的其他商铺也迎来了大量的顾客。Bergdorf Goodman 的糖果橱窗不仅诱惑着街头来往的行人，还引导着进店购物的游客继续向前探寻。

街道旁的玻璃橱窗看似阻断了店铺空间与外界街道的联系，但设计师可以巧妙地打破陈列格局，在客流量密集的商场转角处设置不同的互动装置，一窗之隔不再阻挡橱窗散发魅力，而是通过不断的引导，刺激人们的购买欲望。

03
艺术家打磨"橱窗工艺"

位于法国南希的双人工作室 Zim & Zou 主要负责纸工艺品的设计创作，是由法国平面设计师露西·托马斯（Lucie Thomas）和缇保·兹默曼（Thibault Zimmermann）

01／位于曼哈顿的 Bergdorf Goodman 百货设计过一场糖果主题的橱窗展览。
02／Saks Fifth Avenue 在圣诞节推出了灵感来源为百老汇剧场演出的橱窗。

组成的。Zim & Zou 强调创作的源泉应来自于设计师的特有个性，看似狭小的橱窗，它的魅力却能够因艺术家的个性想象而无限地扩大。

"手工艺"制造是这个团队的个性。2017 年，Zim & Zou 为爱马仕设计了一座主题为"森林居民"（Forest Folks）的纸雕橱窗。他们利用像纸一样的不同材料制作出不同的森林装置，体积巨大的蘑菇、花，以及羽毛状的不同建筑均由颜色亮丽的纸张、皮革绘制、切割、折叠组装而成，多层的绿色风景构成了一个复杂的纸艺术世界。

将纸张折叠的工艺融入绘图设计，Zim & Zou 成功重现了一座森林王国，为爱马仕创下了不错的营业收益，但他们并不是每一次都能"大获全胜"。创始人之一露西·托马斯指出，橱窗设计最大的困难，并不是灵感的缺乏，而是投资方的预算和接受程度。在创意个性与客户要求中做出妥协，是橱窗设计师的艰难时刻。

为了寻找最合适的装置材料，橱窗设计师们常常需要在不同供应商、工艺周期、运营团队中周转妥协。他们常被戏称为"日夜无休的城市美容师"，白天收集材料，夜晚通宵安装。"为了满足客户的要求，设计师会制作三副模具，也会有大量的残料与废品，但是这些都必须建立在客户方与营销团队妥协统一的基础上。"陈列共和的创始人钟晓莹说。

04
不再静止的橱窗

日本知名设计师三宅一生同名品牌 ISSEY MIYAKE 曾委托东京设计事务所

DRAWING AND MANUAL 为其位于日本东京银座的旗舰店设计一个橱窗展示装置。DRAWING AND MANUAL 采取了一个类似名片夹的设计：整个装置由 42 个有机玻璃制成的小方盒组成，每一个小方盒里都挂有一叠需要展示的衣服或者配饰的图像，小方盒旁边装有齿轮和链条，控制方盒内图像的翻动。外壳采用特质材料铣床 Roland iModela 制造，最终与电脑连接，控制整个装置的翻页频率。

设计团队与艺术总监辻哲朗认为："在城市中行走、观察和与人交谈，然后我们意识到艺术和手工艺是动态设计的基础。"他们使用铅笔和剪刀，在均等大小的画纸上切割涂绘，将与计算机密切相关的设计与手工齐平。装置开启后，原本悬挂在小方盒内的图像开始一页页地翻动，从静态到动态，三宅一生新一季的各种单品依次呈现。

橱窗所呈现出的内容不再局限于平面的静止状态，同样，随着互联网技术的发展，橱窗文化也在改变。橱窗设立的初衷是品牌理念的宣传与诉说，但面对电子商务的冲击，这一功能正受到冲击。

而这种冲击本身，也能成为橱窗的素材。曾被列为纽约市地标性建筑的零售巨头 Lord & Taylor 因无法承受巨额的店面开支和惨淡的业绩，于 2019 年关闭了第五大道的分店。Lord & Taylor 关闭前布置了最后一场主题为"Thank you"的橱窗，向过往一个多世纪的顾客们致谢。

另一方面，即使不想进入店铺，橱窗仍可以作为一个城市景观，吸引人们驻足观赏、拍照，这至少能成为品牌价值输出的第一步。零售店铺投入大量资金设计搭建诱人

01 Photo | DRAWING AND MANUAL INC

02 Photo | Barbara Pasquet James

扫描二维码，观看三
宅一生橱窗设计演示。

01/三宅一生东京银座店采用过的橱窗。电脑操纵42
个小方盒，翻动产生不同图案。
02/Dior 香港店2018年12月的橱窗，采用了水墨式
的背景纹案。

的橱窗，就是在试图向顾客搭话。而顾客的参与感与消费程度，代表了市场对这个品牌的接纳程度。

Dior 香港 2018 年 12 月的橱窗采用了中国风的田园题材，将橱窗装置融合在水墨画的背景纹案中，花纹多为山林和猛兽，以摩登风姿演绎传统与自由，与 Christian Dior 2019 早春系列中经典法式面料的迪奥茹伊印花（Toile de Jouy）服装产品相呼应。很显然，这种既能映衬当季主题，又能迎合中国市场、注入品牌观念的橱窗，给很大一部分顾客创造了惊喜感，有效扩大了进店人群的比例。

看似狭小的橱窗因艺术家的想象而无限扩大。橱窗的场景塑造通常表现为向顾客们讲述一个精彩故事，而踏入店内的顾客，则是要探寻故事的结尾。真正的橱窗文化，在发出美的艺术语言、创造商业利润的同时，也在用自己独特的语言，与观众对话、与社会对话。橱窗真正吸引人的并不仅仅是一展花哨的装置，而是扩展城市想象空间的能力。消费并不是最终的结局，消费是理解与接纳的开始。

钟晓莹

陈列共和创始人，中国陈列行业的推广者和实践者。曾任日本西武百货企划科陈列师，提出"无界限体验店设计"的理念。

Q 未来预想图

A 陈列共和创始人钟晓莹

Q：橱窗在商场中摆放的位置、灯光、装置的陈列有何讲究？ 在橱窗设计中通常会使用什么方式、手段吸引顾客？

A：人的视觉有三个特点：一是喜爱鲜亮色彩，二是趋光性，三是猎奇性，所以人们比较愿意看到颜色丰富的、明亮的、新奇的东西。所以对橱窗而言，最重要的并不是说要博人眼球，而是当消费者看到橱窗的同时，能否对橱窗陈列的品牌产生很强的联想度，并对品牌产生好感、持续关注，甚至对它们当季的产品产生浓厚的兴趣，最终让顾客走入商铺，是橱窗陈设最本质的目标。

Q：橱窗设计现阶段存在什么不足？

A：就大环境而言，中小店铺有橱窗设计的需求，但是缺乏资金请设计师，对于品牌而言，现阶段面临的问题是想做橱窗却找不到定位、摸不准风格。

我们现在主要还是服务国内的品牌。像一些国际品牌每季商品都有一个明确的主题企划、风格方向甚至倾向，它们已经有了一个明确的品牌定位，但是国内的许多品牌，需要我们帮助它们从产品企划中梳理并找到主题方向，这就导致了前期的沟通周期较长。

就国内的品牌而言，许多都设有视觉总监、营销总监等角色，通常情况下我们前期需要在多方的协调下做一个

"审美统一"的工作，这样才能保证我们后期的工作顺利地进行。

Q：对百货而言，橱窗陈设是否也有引导顾客行为的作用？

A：会的，像日本、韩国、法国、意大利等一些国家的百货公司，他们商场的外围会陈设一系列的橱窗，来表达他们当季商场的主题与视觉传述，这与国内是有很大不同的。

橱窗通常会摆放在空间客流量最大的地方，客流决定了橱窗开口的方向与橱窗所处位置，所以许多店铺的橱窗能够给来往的顾客一个很好的引导。

Q：橱窗设计成本定价如何？就设计团队而言，具体案例操作中最大的挑战是什么？如何解决在实际操作中出现的问题？

A：最大的问题是甲方的预算协调，在橱窗设计方面最主要的是道具装置的预算。比如设计师想要设计出一个品牌的整体效果，经费预算是比较大的，但是甲方可能为了节省预算，对产品宣传的预算就没有那么多，这就是一个比较棘手的问题了。

以及对设计创意的把控，并不是说我们没有好的创意和方案，而是受限于预算和道具制作的工艺，在这个过程中，我们需要不断地与客户沟通磨合。

道具供应商也是在橱窗设计中很重要的一环，材料的选择、工艺的周期都受到供应商的限制，这对设计师的要求就非常高。设计师们需要良好地与品牌对接，甚至走进工厂寻找合适的材料。制作一个最终能够展出的橱窗装置，需要设计初期不断地尝试，经历多次的开模，与品牌的视觉总监、营销总监接洽，在最初的模具上不断地调整。我们会有三次开模的过程，白黑模、颜色模等等，在开模初期会有许多废品，也会有设计理念与客户需求碰撞的情况，在一个较长的沟通周期与双方协商统一后，最终会呈现给商家与消费者一个完整的橱窗设计产品。

Q：你最喜爱的橱窗设计团队／设计师／设计案例是什么？他们吸引你的是什么？

A：像国外的许多橱窗设计都是工作室性质的，这方面没有深入地了解。品牌的话像在法国、东京地区的爱马仕橱窗，也都是不错的。

Q：通过橱窗陈列，运营商是否获得了更好的收益？橱窗设计对运营商有哪些不同的影响？

A：橱窗作为店铺的窗口，其实是一个引入流量的广告位。运营商设置橱窗，可能会吸引路人停留、拍照等等，带来关注度。而照片等通过自媒体的传播，就可以让品牌受到持续的关注。消费者对品牌加深了印象，那么商家就能在消费者心中逐渐树立品牌的意识。橱窗有的时候并不是完全售卖橱窗中的商品，而是在陈设的过程中加深了品牌的视觉入侵度，运营商最终能够通过良好的营销获得更高的收益。

Q：未来，橱窗相关表现有什么新动向、新趋势？

A：橱窗并不一定是售卖商品，它首先售卖的是品牌的理念。比如我们看到许多国外的节日橱窗，可以看出它们未来一定的趋势，比如数字化、科技感的融入、更加注重工艺制造与还原度。而对于非节日橱窗，大部分所表达的是品牌本身或商品本身，但是在未来，我觉得它应该会有一个技能化的体现。比如 Dior 会在橱窗中使用一些电动的装置、智能的模特，路易威登 2017 年设计了一个全息投影的橱窗，这个应该是未来橱窗的一个方向。 Ⓜ

还是吃完就走？
不如在 Food Hall
慢慢小酌一杯

by／米川健　**photo**／米川健

还记得 "大食代" 类型的
饮食空间吗？
它们早已有了升级版。

Food Hall 和常见的 Food Court 有什么
不同？

它们都指的是美食广场。虽然 Food Hall
的定义还模糊不清，但大部分情况下，
Food Court 和 Food Hall 的空间设计和
菜品并不同。这里有几个方法，可以一眼
区分一个美食广场是 Food Court 还是
Food Hall。

空间设计上，大多数 Food Court 的店铺
沿着墙壁布局，店铺中央形成一个公共空
间，里面放置座席。基本上，店铺的看板
设计也千篇一律。

Food Hall 则要更灵活一些，既有每家店
铺自己的专用座位，也有共用座席。在不
影响广场观感的前提下，每家店铺的设计
各有特色。大部分店铺之间没有明显隔断。

菜品上，Food Court 里快餐更多，Food
Hall 里精品餐厅更多。

可以说，比起方便快捷便宜的 Food
Court, Food Hall 更注重时间、空间、菜
品的体验。

在美国人的共识里，Food Hall 就是这样
的餐饮场所——虽然 Food Hall 这个英文
单词起源于英国伦敦的高级百货店哈罗德，
指的是商业设施里的食品销售场所。如果
在英国提起 Food Hall，比起餐饮业态，
食品销售业态占更大比重。

受到美国 Food Hall 浪潮的影响，2016 年
开始，日本的 Food Hall 越建越多。大多
数日本 Food Hall 里只有十家左右精品餐
厅。里面既有店铺自己的专用座席，也有共
用座位——跟美国类似。

01
HIBIYA FOOD HALL

HIBIYA FOOD HALL 算得上是 2018 年日本明星商业空间项目之一，位于日本东京日比谷街区新地标、复合型商业设施东京中城日比谷的地下一楼。

HIBIYA FOOD HALL 连接地铁站，占地 1354 平方米。广场里有 8 家店铺——生蚝酒吧、西班牙料理店、美式料理店、越南料理店、蔬菜沙拉店、肉丸店、面包店，以及咖啡馆。大多数店铺在中午提供实惠的午市套餐吸引客流，也给职场人士居多、位于东京有乐町、银座商圈的日比谷商圈带来便利。

设计计划公司 RIC design build 在设计这个美食广场时，也正是计划把它设计成古典和现代结合的纽约风格 Food Hall。菜单上，菜品的英文名比日文名大得多；店铺和店铺之间，没有明显隔断；店铺内外地板都使用复古暖色花砖。比起混凝土地面，地砖更合适有乐町、银座商圈这种主要消费群体年龄层较高的街区，如果没仔细看，会错以为是星级酒店的高级地毯——这是他们想要的感觉。

虽然食客能在贯通广场中央通道的共用席位用餐，但基本上，每家店铺能提供的外带菜单跟店内用餐的菜单并不一样。这意味着，想同时左手拿一个 Pintxos（一种用牙签把食物串成串的西班牙小吃），右手抓一个坂越生蚝（日本兵库县产的生蚝）大快朵颐，并不那么容易。所幸，跟有乐町、银座商圈的大部分店铺相比，HIBIYA FOOD HALL 的菜品不算贵——有能力来 HIBIYA FOOD HALL 消费的人群，不会介意在 Food Hall 里吃完一家店铺后再换下一家。甚至，这也可能比在附近的餐厅用餐要便宜一些。

走到广场中央通道尽头，从手动扶梯往下走一层楼，离开美食广场，是挑高的拱廊商店街。那里有一些用来休憩的座席。对有乐町、银座商圈的职场人来说，如果美食广场满座了，他们也可以外带肉丸等到这儿，或者到日比谷中城对面的日比谷公园用餐。

HIBIYA FOOD HALL 位于东京中城日比谷地下，风格为古典和现代结合的纽约风格 Food Hall。

02
MAG7

MAG7 位于日本东京涩谷区的 MAGNET by SHIBUYA109 商业大楼的七楼。MAGNET by SHIBUYA109 的前身是主营年轻男性服装的 109MEN'S 大楼，它和主营年轻女性服装的 SHIBUYA 109 商业大楼同样位于距离涩谷电车站出口处不到 5 分钟的地段。和 SHIBUYA 109 相比，109MEN'S 没那么"人挤人"。

109MEN'S 的运营公司 SHIBUYA109 Entertainment 以结合美食、音乐、艺术文化的"涩谷刺激"概念改装这幢大楼，并更名为 MAGNET by SHIBUYA109。MAG7 是 109MEN'S 阶段性改装后，最先开放的区域。

MAG7 把涩谷文化作为核心特色。

和位于消费群体年龄层较高的东京有乐町、银座商圈的 HIBIYA FOOD HALL 相比，涩谷商圈是年轻人的聚集地，也是年轻人流行文化的发源地。MAG7 铺上了钢筋混凝土地面，墙壁使用大量涂鸦，在那里，一抬头，管道毫无遮掩、密密麻麻。

MAG7 占地只有 320 平方米，广场里有 6 家店铺——美式汉堡店、炸鸡店、松饼店，以及招牌菜品为直径 10 厘米长的饺子的饺子店，销售在冲绳、夏威夷流行的午餐肉饭团的饭团店，还有使用 8 种黄绿蔬菜和涮猪肉片的荞麦面店，无不符合"刺激"主题。

除了美式汉堡店和松饼店不能外带食物进店，另外 4 家店铺购买的食物可以在 MAG7 的任意座席用餐，部分席位提供免费 Wi-Fi 和电源。不仅如此，从 MAG7 往上走一层楼到屋顶，是有舞台和餐桌、座席的户外广场 MAG's PARK。天气还不错时，也可以从 MAG7 外带食物到那里用餐。

MAG7 更像比较亮一点的夜店，设有 DJ 台，也开辟了一小块直播空间，运营方会邀请艺人到那里对谈、演出。这些内容会通过网络广播电台 block.fm 现场直播。跟艺人合作，做联名菜品，现场对谈、演出，也能让女性顾客踏进这栋原来主要客层为男性的大楼。

在共用空间处，也设置了不少站席。这不仅能增加席位数，也方便年轻人们到处走动，更好地互相交流——在 MAG7，边听贝斯手的现场独奏演出，边跟隔壁桌的陌生人交换联系方式，这算不上什么新鲜事。Ⓜ

· hotel ·

PART 4

•

酒店不只好好住

价格还是横亘在消费者与好酒店之间的门槛吗?
创新者们给出了不同的答案。不同的需求也许会带来不同的拜访目的,
酒店,也可以不仅仅是一个"过夜的地方"。

酒店业的颠覆者

by／姚芳沁 photo／Ace Hotel

这个由一批玩音乐的酒店业门外汉成立的酒店，成了全球酒店业竞相考察模仿的样板。人们知道，从成立的第一天起，那就不只是一个给客人过夜的地方。

当带着一堆新点子的阿历克斯·卡德伍德
（Alex Calderwood）1999 年在美国西雅
图开设第一间 Ace Hotel 时，完全是凭感
觉。卡德伍德最初为了看涅槃乐队的演出
来到西雅图，那时的西雅图还是嬉皮士的
天堂。他相信会有足够多的人愿意花 65 美
元住在一个由老房子改造、不带独立卫生
间的酒店客房内，地段则靠近那些地下艺
术和音乐社区，尽管环境比城中心整洁的
商业区要差很多。

那个时候，不论独立酒店品牌，还是大型
连锁酒店品牌、实验精品酒店，它们的定
位通常都是豪华高端市场。Ace Hotel 走了
一条完全不同的路。卡德伍德用改造的旧
家具和自己收集的艺术品，把当地的一幢
收容流浪汉的前海员宿舍，改造成了一座
有 35 间客房的酒店。客房很快便被那些经
济拮据的独立艺术家们占满。

卡德伍德在创办 Ace Hotel 之前就是个
连续创业者，他还创立过理发店、唱片厂
牌、夜店，以及给微软和耐克办活动的营
销公司 Never Stop。Ace Hotel 如今的样
子，就是这一切的混合体。所以尽管卡德
伍德被人们奉为嬉皮士 icon，但他本人却
不喜欢被贴上这个标签，也不喜欢把 Ace
Hotel 称为嬉皮士的酒店，因为那会太局限
了。所以他的这个 Ace Hotel，就是要把各
式的人都聚在一起，无论是住在城中的人，
还是偶尔的造访者，都可以来这里和朋友
见面或消磨时间——它从来不只是一个给
客人过夜的地方。

酒店大堂、餐厅和酒吧不仅是酒店住客的
休闲场所，也应具有吸引本地居民社交的
磁力，很多精品酒店现在都开始推销这一
概念。而它的发起者——一批玩音乐的酒

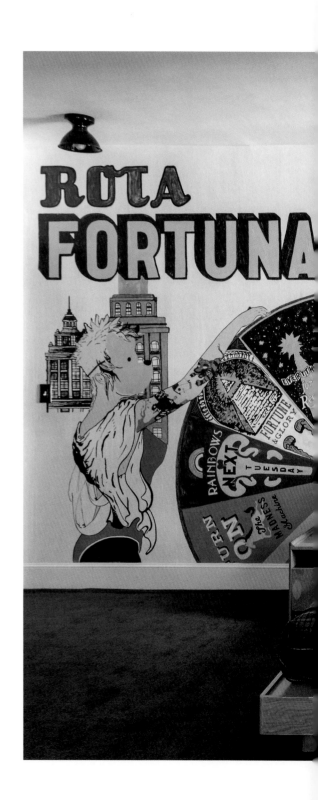

Ace Hotel 所到之
处，都以当地的文化
特色定义自己的设计
风格。

Ace Hotel @ London 的 check-in 空间与活动空间。

店业门外汉成立的 Ace Hotel，至今依然是玩转这一概念的最佳样板。Ace Hotel 所到之处，都以当地的文化特色定义自己的设计风格。凭借个性的设计、对质感和细节的追求，以及与当地文化的融入，不仅让住店的游客体验到当地最真实的活力之源，也成了本地潮人们最热门的聚会场所。

纽约设计工作室 Roman & Williams 创始人罗宾·斯坦福（Robin Standefer）回忆起与卡德伍德合作设计 Ace Hotel 纽约店时的样子，那时这些设计集团更像是一个松散而有效的团体。"阿历克斯最厉害的地方在于，能把不同的人聚在一起。参与纽约 Ace Hotel 的人，有我们这样的设计师，有时尚买手店 Opening Ceremony，咖啡店 Stumptown，还有各式各样的艺术家。我们都是这个社区的一员。我们也不需要签什么保密协议，因为我们是一家人，你不会为了问你妈要烤鸡食谱而和她签保密协议的。"斯坦福说。

卡德伍德给予每个人充分的创作自由，这让艺术家们愿意同他合作。"在过去十年间，你会看到很多人都在试图模仿 Ace Hotel。但在酒店里摆上几件古董家具是不会达到同样的效果的。"斯坦福说。

目前 Ace Hotel 在美国拥有八间酒店，海外唯一一家酒店位于英国伦敦。

伦敦东部的 Shoreditch 是英国独立设计师和手工艺人的聚集地，这里到处都是深藏不露的画廊、精品店和地下剧院，背着相机、颜料板或是古怪乐器的人们穿梭其中。2013 年，Ace Hotel 就选在这里开业。酒店包括了花店、咖啡厅、餐厅、酒吧以及果汁外卖站。大堂布置的就像现在流行的开放办公空间，中心由一排排长桌组成，还有免费的稳定无线网络。在这里，座位永远都紧俏得很。

"我希望人们可以到我的酒店里来，并且酒店也能为当地社区居民提供一些他们需要的服务。我不希望这里的人们把 Ace 当作一个外来的酒店品牌，它与当地街区的关系不应该仅仅是一个地址编号，而应该融入这里的社区氛围，也就是支持创意灵感。"卡德伍德在酒店开业时说。

每一间 Ace Hotel 都会从当地汲取设计灵感，包括了城市性格、社区氛围、自然环境、艺术、历史、潮流文化，它们都是些不可捉摸的、感性的元素。

在伦敦，卡德伍德找来了一家名叫 Universal Design Studio 的机构担任酒店的室内和户外设计，Universal Design Studio 的办公室就位于 Ace Hotel 步行几分钟的距离内。尽管之前从没给酒店做过设计，但 Universal Design Studio 已在 Shoreditch 经营了十年，对当地的文化创意和供应商了如指掌。其简洁的设计理念以及对材料和细节的苛求也符合 Ace Hotel 对酒店整体设计风格的构想。

Universal Design Studio 设计完成的客房看起来更像是当地人的一间小公寓。以唱片机为特色，柜子里准备了各种音乐风格的唱片供你挑选，唱片机旁还有一把吉他，有了这些，你随时可以邀朋友来开个小型派对。Ace Hotel 还邀请了伦敦年轻的街头艺人为每一间客房创作壁画，就连浴袍也是由本地设计师设计，客人若是喜欢，也可以买回家。

即使在酒店设计完成之后，Ace Hotel 依然会不断保持与当地创意社区的合作，为酒店添置新的创意物件。Ace Hotel 伦敦店作为伦敦设计周的主场地之一，每年 9 月都会举办一场名为 "Ready Made Go" 的展出，邀请五家设计工作室为酒店定制产品和装置。比如 2018 年，设计工作室 M-L-XL 就为 Ace Hotel 设计了一款取名 Bianco e Nero（意大利语，意为"黑与白"）的象棋桌，为那些选择在 Ace Hotel 大堂移动办公的人们带去一丝轻松的氛围。

"每次我都会从 Ace Hotel 那里拿到新奇的产品需求组合。"Ready Made Go 策展人劳拉·豪斯利（Laura Houseley）说，她也是《现代设计评论》杂志的主编。到目前为止，豪斯利已经为酒店引入了 18 件产品、艺术品和装置，作为酒店永久设施的一部分，既保持了酒店的原创设计风格，也通过这种形式来支持本地设计艺术社区。

这也就不难理解，为什么每一家 Ace Hotel 都是不一样的。"我们用全新的眼光对待每一家酒店，我们会去调查城市的历史，发现那些让我们感兴趣的东西，以及我们可以合作的对象。这个过程并没有什么可以套用的模板。我们希望每一家酒店都能代表其所在城市最为真实的感觉，这就需要我们和当地的手工匠人、设计师合作，和当地的创意社区保持互动，城市的文化精髓就能通过这些形式表达出来。"Ace Hotel 合伙人兼首席商业官凯利·索顿（Kelly Sawdon）说。

现在，只要是 Ace Hotel 进驻的地区，必能带动当地潮流和人气的引爆，酒店业内人士直接称其为"Ace 效应"。高成本投入的酒店业通常都会选择那些已经被证实的

Ace Hotel @ New York

优质地段来保证资金回报，但 Ace Hotel 却偏偏绕过这一定律。事实上，每一家 Ace Hotel 都由当地的废旧建筑物改造而成，比如，新奥尔良店原本是一家古董家具店；匹兹堡店原是一幢基督教青年会建筑；纽约店原是位于百老汇大街的历史酒店 Breslin Hotel；伦敦店过去也是一家废弃酒店。

Ace Hotel 进驻伦敦 Shoreditch 的时候，那儿还只是个杂乱的"垃圾"街区，仅仅一年之后，它就成了伦敦城中最显著的文化地标，成为设计师、艺术家、广告人、作家、创业者习惯聚集的地方。同样的效应也发生在 Ace Hotel 所在的其他城市。

"人们会问我们在选址时有什么诀窍？还真

的有。这都依赖与当地社区的关系。"索顿说。她表示卡德伍德最大的天赋就是搭建关系，他从创意圈里收集不同的朋友，他们之中有视觉艺术家、音乐人、服装设计师等等，他很享受把这些对世界充满好奇的人组合在一起的感觉。

2013 年年末，47 岁的卡德伍德在伦敦 Shoreditch 的 Ace Hotel 离开人世，死因是药物过量和酒精中毒。

但是酒店的基因留了下来，现在，仍有源源不断对这家酒店有兴趣的人聚集过来。现于 Ace Hotel 伦敦店担任文化工程师的塔斯·埃利阿斯（Tas Elias），大学念的是音乐技术专业，毕业后先做了五年的 DJ，由于不喜欢每天被封闭在录音棚里的工作，于是去一家唱片店做店员，慢慢接手了唱片店的一些活动策划，在这个过程中，他认识了很多不同背景的朋友，协助他们参与现场演出、音乐节、文化节和艺人管理等，最终受邀加入了 Ace Hotel。

在 Ace Hotel，你可以参加环城自行车骑行游览、美食讲座、屋顶户外狂欢派对、瑜伽课程、摄影课程，或者与当地设计工作室合作手工项目、和科学家探讨神经科学和神经心理学等等。所有这些活动策划都出自埃利阿斯。

"这份工作最重要的就是找到合适的合作方。我关注的重心在于包容性，让不同的群体都能在我们酒店的平台上表达，这是一个本地的、全国的甚至全球的文化交流的场所。"埃利阿斯说。

埃利阿斯认为，"文化"这个关键词对 Ace Hotel 来说极为重要。要让艺术家、音乐人、设计师和技术极客们愿意来到这里交朋友、获得灵感、学到新东西，这个空间必须要有文化的支持。在这个过程中，Ace Hotel 能成为社区值得信任的一分子，便能不断获得新的合作机会，让人们有兴趣再来。

接下来，Ace Hotel 在 2019 年会在日本京都开设一家全新的酒店，进入一个与他们所熟悉的文化完全不同的城市。

从大卫·鲍伊到小野洋子，这些享誉全球的艺术家都在京都获得过创意灵感，作为日本的文化中心，京都拥有众多传统工匠、艺术家和音乐人，这很对 Ace Hotel 的口味。也正是这次，Ace Hotel 首次邀请到了一名知名建筑师——隈研吾作为酒店的总设计师。但 Ace Hotel 认为选择隈研吾与他的名气并没有直接关系。"隈研吾的建筑风格与我们的理念一致，他专注于细节，使用很多天然材料并且让这些材料发挥各自的特点。我们希望能建造一个具有手工艺感的空间，这也符合整个京都的气质。"索顿说。

索顿也强调，与知名建筑师合作既不代表 Ace Hotel 未来会变得更商业化，也不代表它会不那么"接地气"。Ace Hotel 对文化性酒店的定位不会改变，而如何把握文化这种持续变化的抽象概念，只有通过多元的合作，才能摸索到一手的线索，这需要对创意有足够的真诚与尊重，而她相信，这也是很多酒店很难学会的事。

Ⓠ 未来预想图
Ⓐ Ace Hotel 合伙人兼首席商业官
凯利·索顿（Kelly Sawdon）

Q：每家 Ace Hotel 都有自己独特的风格，在这种多元化的表现形式下，什么才是维系品牌的核心？
A：本地化特色、社区以及建筑的历史为我们在设计每家 Ace Hotel 时带来灵感，通过拥抱城市性格，来尊重城市以及它的居住者，Ace Hotel 在这过程中建立了每个人都能自由表达和交流的平台。所以，维系 Ace Hotel 这个品牌的不是某样实体，而是无形的概念，是一种亲和力，就好像朋友彼此相伴，享受生活的快乐。所以，尽管每间 Ace Hotel 都有自己特别的设施，有的有屋顶花园，有的有游泳池，有的有专门的音乐空间，但你总会在这里发现本地社区的活动、好喝的咖啡，以及方便使用的公共空间。

Q：Ace Hotel 总能为一块原本废弃的区域带去新的活力，你们有什么秘诀做到这一点？

Ace Hotel @ London
Ace Hotel @ New York

A：我想我们总是特别被那些有着丰富多层次历史的区域吸引，而且在这片区域居住的人们也为这里的创意文化氛围和个性感到骄傲。因而，我们的秘诀其实很简单，就是为那些本地的创意偶像提供一个表达自我的平台，与本地的艺术、美食和设计人士合作，把城市的文化带到酒店里。

Q：Ace Hotel 很擅长联合本地的艺术家和设计师推出合作项目，这对于你们进入相对陌生的海外市场来说会不会是个挑战？

A：对每一位合作伙伴的创意作品我们都抱有绝对的尊重，Ace Hotel 的出现本身就是合作的产物。以 2019 年即将开业的 Ace Hotel 京都店为例，我们对京都的手工艺和文化崇拜已久，在没有来到京都之前，我们就与日本很多艺术家和品牌有过合作。我们也很荣幸能请来隈研吾来担任酒店设计工作，而他的设计风格与我们的理念本身也是极为贴近的，我们都尊重材料和工艺，同时也热爱尝试和改变。

Q：Ace Hotel 成功之后，你是否担心这一模式也会被他人抄袭？

A：我们在设计酒店时从来没有现成的模式可照搬，很多时候都是凭感觉。我们的团队总在追求新的创意，因而我们一直都在改变。Ace Hotel 的创立者也并非来自资深的传统酒店行业，我们最在意的东西，包括创意、社区、城市和人，这些才能让我们不断地捕捉到最纯正地道的文化潮流的演变。

Q：在设计一个富有活力的公共空间方面，你是否认为酒店业整体有了提升？还有哪些需要改进的地方？

A：没错，我们的确看到酒店业正变得越来越向大众开放，这当然是件好事。不过我们对不同形态的服务业以及它未来的演变有着强烈的好奇。这个世界充满太多的噪音以及视觉轰炸，让人感到很疲惫。如何通过人为的互动与干预，来表达友善和关爱的情绪，这是我们所关心的。我们希望能以不同视角来展现城市，为人们带来新的发现。另外，整个酒店行业未来还需要开始重视环境问题，以实际行动来减少浪费。Ⓜ

餐厅、酒吧、快时尚，
这家做服装生意的公司
开了家混搭型酒店

by／李慧文 photo／hotel koé

不论是在服装店楼上开宾馆，
还是在楼下办小型 live，
hotel koé 的目的就是让顾客
24 小时沉浸在品牌之中。

20 世纪 70～80 年代，百货品牌 PARCO 在涩谷的三家门店几乎是日本年轻人文化的代名词。不过，在渐渐老化后，涩谷 PARCO 不得不重新装修，引入新的业态。

原本的购物中心 PARCO 2，将成为服装品牌 koé 在涩谷，也是全球的旗舰店。不过这不是一家简单的服装店，它被设计成一个商业综合体，甚至包含酒店。

koé 是 STRIPE INTERNATIONAL 公司旗下的服装品牌，成立于2014年，涩谷旗舰店的创意总监、设计及室内陈设请来了在日本国内很受瞩目的设计事务所 SUPPOSE DESIGN OFFICE的谷尻诚和吉田爱。

01

02

一共三层的空间内，第一层是餐饮区和活动展区，餐饮区 koé lobby 的空间宽敞，席位形态各异，顾客可以根据自己的需要选择用正餐，喝下午茶，或是站着喝杯酒，甚至仅仅是打包一个烘培点心。而饮食的策划人是挂川哲司，他同时也是日本时尚街区代官山的人气法餐店 Ata 的主厨。而在被称为"Koé Space"的活动展区，不仅能看到 koé 与其他品牌的联名款商品，还经常有日本知名 DJ 的现场表演。

第二层是时装与杂货的贩卖区，在此区域贩售的商品有很多是日本受欢迎的年轻艺术家，诸如长场雄、大图诚等专门为 koé 设计的以"涩谷"为主题的商品，而这一层也是 koé 涩谷旗舰店收入的主要来源。同时，此区域导入了智能收银台，在每天 21 ~ 23 点的这个时间段里，顾客可以自助

03

01-03 / hotel koé 一楼的餐饮活动空间。

01

02

01／hotel koé 二楼靠近收银台的杂货销售区，展示销售很多以"涩谷"为主题的商品。
02／hotel koé 酒店区房间里的衣物、杂货都来自 koé 品牌。

购买和付款。

第三层则是极具设计感的旅馆，一共有四种大小的十间房，它的核心卖点是，房间里的衣物、杂货都来自 koé 。

STRIPE INTERNATIONAL 旗下最有知名度的品牌是 earth music & ecology ，一个快消女装品牌，其凭借低廉的价格，和对时尚感和舒适感的平衡，在日本年轻女生里很受欢迎。与 earth music & ecology 的甜美风格截然不同，koé 涩谷旗舰店的内装以灰色和蓝色等冷色调为主，而旅馆的房间风格是对于"茶室"和"茶道"这两个关键词的现代表现。

STRIPE INTERNATIONAL 公司涉足的领域很广，除了基干品牌 earth music & ecology，还有好几个风格各异的女装品牌，以及古着（二手服装）品牌 LEBECCA boutique，甜品店 unmarble913 NEUF UN TROIS， 冰 淇 淋 专 卖 店 BLOCK natural ice cream， 衣 服 租 赁 平 台 MECHAKARI。而 koé 的这家旗舰店，显然承载了这个涉猎广泛的母公司创始人兼社长石川康晴的野心。

从规模上就可以看出，hotel koé 本身赚不了什么钱，某种程度上，这个开在服装店上的旅馆不能被视为一个单独的业态，而应该与它楼下的活动区、展览和店铺融为一体。石川康晴的逻辑很简单，尽可能让消费者多留在店里一会儿。

2017 年 12 月石川康晴在接受日本杂志《商业界》采访的时候说："一是东京的宾馆不足。此外，也没有那种适合穿着 T 恤和牛仔裤的高管住的宾馆。其次，我也想延长顾客的停留时间，因为顾客多停留一小时，他的一次消费额就会增长 1000 日元左右。如果只卖衣服，客人大概只会停留两小时左右，所以我在下面那层设了烘焙店，如果这样的话，那么我就觉得楼上如果能够让客人住下就好了。总之还是为了让客人停留的时间最大化。"换句话说，koé 希望顾客能 24 小时接触它的产品和品牌。

"适合穿着 T 恤和牛仔裤的高管"，确实是对 hotel koé 设计风格的不错形容。酒店的设计者希望塑造"热闹的涩谷"和"沉默的酒店"这种对比，来塑造自己的个性。另一方面，楼下的展览区和活动区，又符合涩谷充满演出的特性。你可以在 koé 的旗舰店里，同时读出对涩谷的"拒绝和接纳"。

1995 年，开服装店起家的石川康晴在他 25 岁的时候成立了 Cross Company 公司，当时的经营范围还只在服装领域，此后的十几年间，Cross Company 公司的收益持续增长，渐渐发展成一家规模颇大的服装公司。值得一提的是 1999 年 earth music & ecology 创立后，石川康晴在电视广告中，起用形象与品牌十分相符的日本女星宫崎葵为代言人，为该品牌打开知名度起到了决定性的作用，而当时大多数的电视广告对时装行业的销售额基本起不到很大作用。此后，由 2003 年到 2013 年的十年间，earth music & ecology 的销售额增长了 21 倍，而到了 2014 年，仅 earth music & ecology 一个牌子的销售额就突破了 1000 亿日元（约合 60 亿元人民币）。这一年，石川康晴不仅创立了新的服装品牌 koé，还把事业范围扩大，涉足领域由从前的服装扩大为"生活方式与科技"。同时他决定在这一年去日本高等学府京都大学攻读 MBA 学位。Cross

Company 公司的转型也由此开始。

2014 年 7 月，在接受采访时，石川康晴曾表示自己想和 ZARA、H＆M、优衣库、Gap 等做快时尚的大型企业区分开来。他认为比快时尚更高一个次元的时尚是可持续时尚（Fairfashion），这一概念最早源于"可持续发展"在全球经济问题讨论中的提出和盛行，并由此被引入时尚话语体系，开始引发人们对服饰这一高耗能、劳动力密集产业未来发展问题的探讨。

所以，在石川康晴公司旗下的诸多品牌是在践行"减少时装浪费"这一原则，2018 年 6 月，他在 NEUT 杂志的采访中说道："earth music&ecology 虽然有几百家店铺，但恐怕是同等规模的品牌中最不容易被废弃的牌子。"同样，在 koé 出售的服装，所谓"环保"并非只包含衣服质地是否为有机材料这一点，能否长久使用、循环使用也是被考虑的要素。在这一点上，它有些像同样以环保和可持续著称的户外品牌 Patagonia。

在石川康晴的设想里，koé 是一个面向海外市场的全球性品牌，他的计划非常明确。"在三年以内，会在银座、涩谷、新宿的其中一个地方开设国内旗舰店，五年以内有在美国、欧洲、中国开设国际旗舰店的计划。我考虑的开店的候补地点有伦敦牛津街、美国第五大道和上海的南京西路。"石川康晴在 2014 年接受日本时尚网站 fashionsnap 的采访时表示。

但实际上，在 koé 成立的前几年，店铺却开在日本冈山县、新潟县等离中心城市较远的地方。虽然场地宽阔，且时不时会举办各种活动，但是基本仍是以服装贩卖为主

koé 试图通过设计，让"热闹的涩谷"和"沉默的酒店"产生对比。

在日本国内已经是夕阳产业了，原因是少子化及大家的购买欲望降低等。但是如果走出日本，寻找有购买力的年轻人多的市场，这种困境就能解决。"这也是为什么 hotel koé 的 KPI 里特意强调了外籍顾客的比例。

2016 年，Cross Company 公司正式改名为 STRIPE INTERNATIONAL 公司，原因是很多国家的国旗都有条纹（Strip）这一元素，而个公司名更能体现其面向全球的视野——还是为了国际化。

同年，koé 在东京被称为甜品之街的自由丘开设了第一个复合型商业设施—— koé house，其设计师是设计过代官山茑屋书店的 Klein Dytham. 从地下一楼到地上三楼，一共四层，地下一楼贩卖各色手工杂货，一楼则是主打有机蔬菜和健康食材的餐厅 koé green，二楼和三楼则贩卖包括童装在内的各种服饰。

和包括宾馆在内的 koé 涩谷旗舰店，就是建立在 koé house 试验之上的产物。从商业的角度看，富有新意的 koé 涩谷旗舰店只是石川康晴在原行业衰微下，寻求海外发展的逻辑产物。但另一方面，这种商业思路最终演化成涩谷中心的新一代地标，koé 这个品牌本身的价值观，以及它对涩谷文化的理解，也发挥了核心作用。Ⓜ

轴。"最初也是要考虑经济合理性。"石川康晴如此解释道。

同时，koé 的新旗舰店也被视作试验。石川康晴为它设立了明确的合格线：如果 koé 涩谷旗舰店不能达到月销售额 1 亿日元（约合 606 万元人民币），年销售额 10 亿日元（约合 6060 万元人民币），外国入住顾客数超过总入住数三成这个目标的话，他将不会继续往海外投资。

其实这种国际化策略和日本服装行业的低迷也不无关系，在接受东京大学全球创造领导者项目内部杂志《GCL Newsletter》专访时，石川康晴曾说："其实，服装产业

要不要和传统酒店
唱唱反调?

by/王昱

私密性是日本传统豪华酒店的招牌。但
TRUNK HOTEL 却在酒店前台设计了
酒吧、商店和居酒屋,试图把这里变成
一个聚会名场所。

2019 年 1 月 21 日,一个由 13 对同性
情侣组成的诉讼团体在东京都涩谷区的
TRUNK HOTEL 内举行了一场"特殊"的
新闻发布会。诉讼团体名叫"Marriage
For All Japan",他们决定在 2 月 14 日这
一天将日本政府告上法庭,理由是国家侵
犯了宪法所保障的公民"婚姻自由"的权益。
为配合诉讼,他们在 change.org 上也发
起了签名活动。

团体代表兼辩护律师的寺原真希子上台发

言:"2 月 14 日是情人节,是为爱盟誓的日子,我们希望同性婚姻能得到法律的保护和社会的认同,希望所有人都能和爱人幸福地共度一生。"

这场少数群体的发布会选在 TRUNK HOTEL 不是偶然。不仅是因为这家酒店所在的涩谷区是日本全国最早承认并颁发"同性伴侣"证书的行政地区,TRUNK HOTEL 也不是第一次成为社区活动或公共议题的讨论场所,它从一开始就把"社会

贡献"放入经营理念之中。

这家开业一年多的精品酒店,个性之处不仅是此。在各个方面,它都希望与强调服务、私密、享受的传统日本酒店唱唱反调。

TRUNK HOTEL 选址在供奉结缘与美之神的稳田神社旁。而它的母公司正是日本知名婚庆公司 T&G。受少子化的影响,近年来日本的婚庆市场规模一直在缩小。T&G 曾试图关闭低利润的店铺,并且定位高端婚庆公司,相比这些,在旅游业开拓新生意,是更重要的自救方式。TRUNK HOTEL 则是其试水的第一弹。

TRUNK HOTEL 的官方网站上有一张颇有意味的图片,两头大象用鼻子"牵手"在一起,单词"TRUNK"在英文就有"象鼻"的意思。不过,TRUNK HOTEL 似乎想用它来表达"绊",也就是人与人之间的关系——当然不只是配偶。

进入酒店大门,就会发现 TRUNK HOTEL 把自己的前台变成了一个酒吧。正前方的整面墙上"镶嵌"着各色的洋酒和日本酒,原本应该办理入住和退房手续的服务前台变成了长长的吧台,昏黄的射灯下不是穿着制服的酒店工作人员,而是正在调制鸡尾酒的酒保们。大厅中央的沙发上坐满了人,却不是拿着行李等待的旅客,而是正在交头接耳举杯相酌,沉浸在社交世界里的人们。真正的酒店服务柜台被隐没在电梯附近一个不起眼的小角落里。

TRUNK HOTEL 住宿并不便宜,它试图在日本开拓一条新的道路——成为日本的"Design Hotel"。

将酒吧"植入"酒店的设计颠覆了消费者对酒店的"第一印象"。TRUNK HOTEL 用这种方式强调自己的社交属性。除此以外,它还在酒店一层外"连体"开设了 TRUNK

TRUNK HOTEL
把自己的前台变成
了一个酒吧,对外
部开放。房间则注
重设计感。

STORE 和 TRUNK KUSHI。前者是贩卖
当地特产和酒店周边的独立商店,产品种
类涵盖食品,生活用品到服装,后者则是
一个居酒屋。

"一家商店,一家居酒屋,一间酒吧",这些
"极具社交功能"的商业个体被 TRUNK
HOTEL"兼并"在酒店中。它们不仅为
入住旅客提供服务,也都对外开放。传
统的酒店或许会把私密性作为卖点,但
TRUNK HOTEL 似乎有意让住客和外面
的世界交流。这种设计也吸引了喜欢这种
感觉的客人。从街区的角度看,酒店也不
再是让街道安静的存在,而是像其他店铺
一样变得开放。在 2017 年 5 月 TRUNK
刚开业之际就为它带来了 80% 的入住率,
截至 2018 年 4 月,入住率已达 91%。

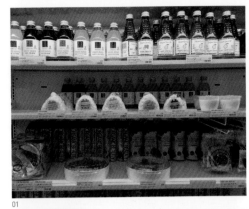

01-03／TRUNK STORE 销售当地特产和酒店周边
的独立商店，产品种类涵盖食品、生活用品与服装等。

不过，想要体验这个新鲜的酒店，代价不小。
TRUNK HOTEL 上上下下只有 15 个房间，
平均一晚的单价竟高达 56919 日元（约合
3504 元人民币），而在日本，这样的价格
出现在日本酒店业界"御三家"——帝国酒
店，东京大仓饭店和新大谷饭店这样的知
名饭店似乎才显得合理。

对此，TRUNK HOTEL 总经理古贺久夫
在接受采访时解释道，他认为与海外的
酒店相比，日本的酒店普遍很便宜，而
TRUNK HOTEL 想要在日本市场开辟的
是一个新市场，即日本的"Design Hotel"。

"Design Hotel"的概念始创于 1993 年，两个在美国加利福尼亚州从事旅游代理公司的德国人创立了一套评价标准，从全球挑选出最具有设计感和创造性的精品酒店。后来这套标准变成了行业内的公认标准。他们还发行专门的《Design Hotel》杂志介绍这些精品酒店。获得这一认可的酒店，往往就能获得更高的溢价能力。

目前全球仅有 290 处获此头衔，日本仅有三处，分别是北海道的"Kimamaya by Odin"，新潟县的南鱼沼市的"里山十帖"和东京涩谷区的"TRUNK HOTEL"。

"Design Hotel"的考察标准并不包括"客房有多少""有没有按摩浴缸"这样的硬件设施问题，更注重的是酒店本身的设计感和独创性，更注重开发者的想法和对生活的态度。因此，喜欢"Design Hotel"的旅客也不是纯粹的观光客，更像是"城市体验者"，在选择酒店的时候，更关注酒店能带来什么有趣的新体验。

美国希尔顿国际酒店集团在 2018 年 5 月对全球入住其品牌酒店的 72000 名房客开启一项调查，发现年轻人会更愿意选择对环保热衷的酒店。在"是否会检索酒店环境和其社会活动相关的信息"一问中，有 33% 的人表示预约酒店前会"积极了解相关信息"，而这个比例在年龄 18 岁至 24 岁的受访者中达 44%。在日本环境省 2016 年的一项针对"环保生活方式"实际情况的国民调查中，也发现 20 多岁的人对环境问题的关心程度更高。

越来越多的年轻消费者在选择和评价酒店时，把自己的社会的态度和价值观考虑在内。为此，TRUNK 除了从设计上独辟蹊径，强调"社交性"的概念之外，还强调"社会精神"。这倒不是说 TRUNK HOTEL 只欢迎那些常见的做出社会贡献的有名人。它提出的口号是："无须压力，做你自己，秉持与自己能力相称的社会目标，活在当下。"

TRUNK HOTEL 甚至给出了"社会精神"的五个维度：环境、本地优先主义、多样性、健康、文化。

据说这理念来自于纽约的 Ace Hotel。细细品味 TRUNK HOTEL 提出的五个"社会贡献"方向，与 Ace Hotel 坚持的个性和理念的确有许多相似的地方。

首先，"ENVIRONMENT"（环境）方面，Ace Hotel 整体的建筑设施都由当地的废旧建筑物改造设计而成，而 TRUNK HOTEL 出于环保和可持续的考虑，酒店的建筑木材都使用日本独特的间伐材（人工林树木的间距较密，为使树木获得充足阳光，树根有扩展的空间，让森林生长得比较理想，必须将部分树木伐除，这样取得的木材就是间伐材），客房内的毛巾和睡袍使用的都是有机棉，荧光灯泡是可回收玻璃，挂衣服的衣架是用回收再生的废旧金属制成，甚至露台上的休憩长椅也是再利用了可口可乐公司废弃的长椅。

Ace Hotel 喜欢从城市性格、自然环境、历史文化、艺术潮流等等中汲取灵感，运用到每个房间的设计中。TRUNK HOTEL 则充分强调了"made in Shibuya""made in Tokyo""made in Japan"，从大厅里的沙发，客房内的床单毛巾，到餐厅里的饮料食材，以及 TRUNK STORE 里售卖的商品都来当地的商家。

TRUNK HOTEL 的居酒屋与餐厅不仅为入住旅客提供服务，也都对外开放。

在"DIVERSITY"（多样性）方面，选址在创意街区的 Ace Hotel 自不用说，从创始者到住客都是各色各样喜欢冒险，嬉皮又浪漫的人。TRUNK HOTEL 则显得更加喜欢公益的话题，不但积极投身在帮助性少数群体 LGBTQ 发声的社会活动中，还积极采用可再就业的"银发族"，与社会福利机构一起合作开发商品，支援涩谷区的各种社会福利政策。

不管是 Ace 还是 TRUNK，它们都注意到了在物质生活愈加丰富的时代，人们的消费观和价值观正在改变，越来越多的人开始重视社会参与和精神交流，而酒店似乎可以成为他们与社会的接点和桥梁。

TRUNK HOTEL 的项目经理金野慎司在接受媒体采访时说："希望 TRUNK 成为那些关心社会课题的人们的聚点。"

今后十年，T&G 计划继续推出 10 间精品酒店，主要分布在东京、札幌、仙台、横滨、名古屋、大阪、神户、京都、广岛和福冈。不过，T&G 社长野尻在接受采访时说："TRUNK HOTEL 的品牌连锁店只在东京内开展，其他的地方则计划会推出新的品牌，追求独一无二的理念是不会变的。"

也就是说，T&G 要为不同的城市设计全新的酒店公共空间，水准还要与 TRUNK HOTEL 持平。这家婚庆起家的公司可是给自己立了一个不小的目标。Ⓜ

把"将就"的
胶囊旅馆变成街区地标

by／顾丝丝　**photo**／Nacasa & Partners

廉价、狭窄、将就，
这是胶囊旅馆长久以来的标签。
但 9 Hours 把心思花在设计上，
使其成为街区里更受欢迎的存在。

Photo | 9 Hours

午夜 1 点半，西装革履的上班族和同事们摇晃着从居酒屋出来，依次告别，来到车站前，最后一辆电车在头顶开过，站员在改札口大喊："今天到此结束啦！"站前不断闪烁的"カプセルホテル（Capsule Hotel，胶囊旅馆）"霓虹灯映入其眼帘:好吧，就这样将就一晚吧。

低价是胶囊旅馆的核心策略。每晚 2000 日元（约合 121.2 元人民币）左右的价格不仅是一般商务酒店的四分之一，甚至比打车回家的车费更便宜。相应地，传统酒店所注重的服务、配套设施以及设计感都被牺牲。廉价、狭窄、将就，自 1979 年黑川纪章设计的胶囊旅馆在大阪梅田开张后，很长一段时间内，它给人的印象大致如此。对于一个街区而言，它只是一个不得不存在的功能区，并不是加分项。

很长一段时间，胶囊旅馆只属于工作男性。但如今，不断增加的职业女性，以及想要体验生活的观光客，也"入侵"了这个宛如太空舱一般的空间。一些胶囊酒店的从业者开始考虑胶囊旅馆的角色，除了"睡觉"这个核心功能外，"设计"和"在地化"成为这个空间的新标签，并以此让胶囊旅馆变得更受欢迎，比如 9 Hours。

"经营 100% 是关于设计的。"9 Hours 的社长油井启祐如此宣称。2009 年，9 Hours 在京都开的第一家店，就获得了当年的日本优良设计奖（Good Design Award）。油井启祐是风险投资行业出身，1999 年开始接管父亲曾经营的位于秋叶原的胶囊旅馆，当时，这个旅馆负债 5 亿日元。"我们无法在设备方面与别人竞争，那我们就扩大用户群，通过网络宣传，让女性、外国游客也走进我们的旅馆。"

与"将就一晚"的刻板印象不同，9 Hours 试图让自己成为知名街区的特色地标，通过因地制宜的设计感与本地街区融合。

从江户时代开始，以浅草寺为核心逐渐发展起来的浅草地区一直享受着商业上的繁荣。从以前因参拜寺庙而来的本地人到如今打卡旅游景点的游客，仲见世商业街上人流永远熙熙攘攘。

9 层楼的 9 Hours 浅草店像一座山，外部楼梯蜿蜒上升，像是攀山路线。每一层配备了全景式落地玻璃窗，窗外，是浅草地区高低起伏色彩各异的寺庙和屋顶。建筑师平田晃久根据浅草店狭长的地形规划了这种山峰型的设计，不仅解决了难以规律摆放胶囊的问题，还让顾客通过 9 Hours 这个观察容器，感受立体的浅草风景。

过去，胶囊旅馆的核心目标是在有限空间内塞下尽可能多的睡眠舱，但 9 Hours 浅草店，设置了休息室、健身房——一楼和二楼索性变成了一个咖啡馆。来自挪威的咖啡馆 Fuglen 选择在这里开设它在日本的第二家店，因为这座建筑的设计风格与它相似，另外，9 Hours 的社长油井启祐很喜欢挪威的浅烘焙咖啡。

"虽然和普通的酒店相比，空间较小，隔音不太好，但是与此同时产生的开放感、超越价格的清洁和舒适，以及与街道产生的直接接触却是独一无二的。"在酒店评价网站上，可以看到住客这样的评价。

浅草店的 4 层是女性专区。整体的色调由白色转为黑色，唯一光源是胶囊内的橘黄，笼罩着与街道形成强烈对比的寂静。地板上的胶囊号码整齐排列着，像是标尺般引

01

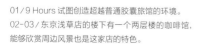

01 / 9 Hours 试图创造超越普通胶囊旅馆的环境。
02-03 / 东京浅草店的楼下有一个两层楼的咖啡馆，能够欣赏周边风景也是这家店的特色。

02

03

导着顾客。胶囊层的灯光环境与人体生物钟相适，契合了睡眠与苏醒之间的自然节律。这么做的目的是给人放松的感觉。

因此，它的受众也不再仅限于错过终电的上班族男性。9 Hours 各个门店的利用群体中日本人与外国人的比例大约为50：50，男女比大约为55：45。

9 Hours 不想只是把一个好设计一键复制到各个门店，而是根据地皮形态、街区风格适当调整。比如去年3月开业的9 Hours 竹桥店靠近皇居，为了迎合附近跑步者的需求，竹桥店附加了"跑步歇脚点"这一功能。500 日元可以享受无限供应的运动饮料、沐浴以及一个小时的胶囊使用时间。

在东京地下铁的赤坂见附站下车，走过第一个十字路口，就能看到被大片绿植包裹的 9 Hours 赤坂店。相比于身处商业街、规模巨大的 9 Hours 浅草店，赤坂店的大小与一旁平矮的普通家庭住房没有差别。负责这一项目的设计师平田晃久用"黏菌"理论解释这种设计：胶囊旅馆，应该像黏菌一般，存在于都市的缝隙之间。

根据赤坂店的盆状地皮，平田晃久规划了高低错落的景观：地下一层作为前台与咖啡区域，地上四层则作为胶囊层。与浅草店相似，赤坂店也选择了将酒店与咖啡生意结合。位于赤坂店一层的 GLITCH COFFEE & ROASTERS 是日本本土品牌，店内菜单仅保留单品咖啡，与浅草店两层的咖啡馆不同，GLITCH COFFEE & ROASTERS 只有一个咖啡操作长桌，和 9 Hours 的前台并列。这让 9 Hours 的前台成为一个周围居民也可以自在进入的

地方。

赤坂店的胶囊设计也自成一派。与两长排
整齐排布的胶囊空间不同，在赤坂店，4
个胶囊被组合成一个立方体结构，错落堆
放，朝向不同，让住客在欣赏风景的同时，
保证隐私。

"说起胶囊旅馆，大家可能都会想到新陈代
谢派建筑师黑川纪章设计的'中银胶囊塔'，
他的概念是将胶囊单元嵌入一个巨大建筑
结构之中，自成系统；而 9 Hours 却是直
接将胶囊与都市无缝契合，而非再造系统。"
平田晃久解释了自己的设计理念与新陈代
谢派的异同，"并且黑川纪章将生活所有必
要机能都凝缩在胶囊之中，然而 9 Hours
却是以睡眠为主要机能，而把其他机能都

9 Hours 用咖啡馆
吸引消费者，
用错落设置的胶囊
保护顾客的隐私。

交给它所依附的城市与街道。"

浅草店与赤坂店的建筑设计师均为平田晃久，而到了距离羽田机场较近的 9 Hours 蒲田店，设计师换成了芦泽启治，风格也产生变化。其地理位置首先决定了这家分店的受众主要为商旅人士，所以与浅草店"加法"相反，蒲田店在原有胶囊旅馆的基础之上追求"减法"。蒲田店的建筑外观与浅草、赤坂相比更加像是一家商业连锁酒店，外墙漆成黑色，每层阳台栅栏整齐划一，也没有俏皮的外部楼梯和大片落地玻璃窗。进入一层，一映入眼帘的就是几排办公桌，登记入住的前台则隐藏在左侧。

蒲田店的各种设计都体现了设计师芦泽启治想要传达的"像唐纳德·贾德（Donald Judd）雕塑作品般的美"。唐纳德·贾德是美国的一位极简主义艺术家，他主张以一种民主而非划分等级的方式探索物体自主性，作品主要为重复堆叠的方块，这与蒲田店整齐划一的设计不谋而合。设计师也在采访说中说道："虽然 9 Hours 的世界观已经形成，但我还想扩展一下它的界限，强化其中转站的一面。"

9 Hours 如今已拥有 10 家分店，今年计划在名古屋开店，到了 2020 年东京奥运会期间，店铺数量要增加到四五十家左右。除了 9 Hours 之外，旗下以桑拿为核心的胶囊旅馆"ドシー（℃）"也已在惠比寿和五反田开业。

现在在 Youtube 上搜索"capsule hotel"，会发现越来越多的生活方式博主和 vlogger 开始走进曾经廉价、狭窄、将就的胶囊旅馆。它们将其视为一种新奇的城市居住空间。而 9 Hours 则是这一改变的推动者之一。Ⓜ

· public space ·

PART 5

公共空间，打破无趣

除了公园、绿地、展览馆，
你还能想到什么样的公共空间？
公司与自治体们可以重现一些儿时梦想，
关键是，它们如何继续运营下去。

索尼为什么要在
黄金商业区建一座公园？

by / 季扬　photo / 索尼企业株式会社

品牌可以不直接推销自己的产品。当它在这个
公共空间里试图与拜访的人群对话时，人们自
然就会问出那个所有品牌都希望消费者问的问
题：嘿，你们在干吗？

"植物猎人"西畠清顺在索尼公园地上部分设计的 AWO GINZA TOKYO 。

在寸土寸金的日本东京银座商业区的黄金地段，索尼拥有一座在建筑史上知名的现代主义建筑。但是这家不断想出新点子的公司拆掉了这座建筑，而且把它改建成了一座公园。

银座索尼公园于 2018 年 8 月 9 日正式对外开放。看起来有些不起眼，但是紧接着你就会被一个落地玻璃窗吸引，然后发现它的"地下秘密"：这是一座以"不断变化的公园"为理念、地上一层、地下四层的建筑。

地上一层看起来生机盎然，这是园艺咨询师西畠清顺（他给自己的称谓是"植物猎人"）设计的"AWO GINZA TOKYO"，开放式楼层各处布满了来自世界各地的植物，间隙里也布置了让人歇脚的空间。

这些植物可以在现场直接购买并直接为客

人送货上门。随着植物陆续出售，公园的景色也会不断变化。公园入口处，设有一个"TOKYO FM 可移动卫星演播室"，播放最新东京音乐，传递最潮的东京文化。

通过长长石阶的地下入口（它看起来有些像通往地下停车场的通道），你会来到地下一层，除了有一间时装设计师藤原浩以便利店为灵感设计的商店"THE CONVENI"——这里可以买到别处难以入手的独特产品——你还可以在拐角处发现以一家名叫 MIMOSA GINZA 的米其林一星香港饮茶铺。

再往下走，地下二层是活动空间，如果你在不同时期拜访，可能会遇到不同主题的路演活动，这一层也可以直通东京银座地铁站。地下三层直通西银座停车场。在这层你可以看到主打豆沙酱的 TORAYACAFÉ AN STAND 快闪店。地下四层是由位于代官山的精酿啤酒坊 SPRING VALLEY BREWERY 推出的熟食店"BEER TO GO",让人们可在公园的任何地方享用不同风味的精酿啤酒和熟食。这层还设有一个活动舞台,让大家在用餐时享受现场音乐。

设计上,公园整个外观与所处街道融为一体,地下和地铁站、停车场相通的部分也模糊了分界线,整体设计强调自由和开放性。"我认为公园和建筑的思考逻辑是一样的。它们都是平台,可以接受各种变化,使用者可以根据各自需求自由安排。"设计师荒木信雄说。

早在 1959 年,索尼就在银座街区数寄桥交叉点的一角建造了一间小小的展厅用来陈列索尼的最新产品。此后,随着产品的不断增加,来展厅参观的人越来越多,当时的索尼共同创业者盛田昭夫决定扩张这间展厅。

1966 年,索尼大楼开放。受纽约古根海姆博物馆的启发,索尼大楼的设计师芦原义

01-04 / 人们可以在索尼公园地上部分的公共空间休息,也能通过通透的设计直接望到地下空间。在通往地下层阶梯的入口处,则可以看见 TOKYO FM 的小车。

01

02

03

04

01

02

03

信采用了当时独一无二的建筑风格——世界上第一个采用"花瓣式结构"的建筑物，索尼大楼成了银座的地标之一。

刚建成时，这座大楼的周围还没有什么高楼，索尼大楼也是"索尼"品牌的象征，一直以来，它也承担着"索尼展厅"的功能。经过 50 年的岁月，这个街区已是高楼林立，索尼大楼也逐渐老化，索尼需要一个新形象去展现集团的各领域新发展。

索尼在 2016 年宣布了"银座索尼公园计划"，对索尼大楼实施拆除改建。这项工程耗时长达 7 年，将于 2022 年最终完工。如今你能从地面上看到的，是在 2018 年完成的第一期工程——在索尼大楼原址改造出一个露天公共区域"银座索尼公园"。

索尼将这个公园定位成一处宣传品牌形象的实验场。它将持续开放到 2020 年东京奥运会结束，然后再次关闭施工。2022 年，在现有的地下"Lower Park"和地面"Park"的基础上，向上纵向增加"Upper Park"的部分之后，索尼公园会重新亮相。

01-03／这些人气店铺分布在索尼公园地下空间的四层里。

索尼银座公园完工时间

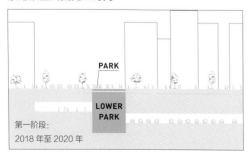

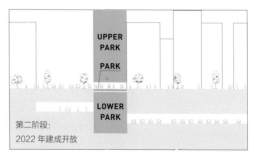

Photo | 林秉凡

永野大辅

银座索尼公园项目负责人，索尼企业株式会社社长。从 2013 年开始推进
银座索尼公园项目。在 2016 年银座索尼公园项目室成立时担任室长。

Q 未来预想图

A 永野大辅

Q：为什么把索尼大楼变成一座公园？

A：为了 2020 年的奥运会，近些年东京到
处都在做城市改造，新建了很多大楼，不
少旧建筑也被翻新。当初开始这个项目时，
我们也计划把索尼大楼改建成一座新楼，
但是推进一段时间的企划和设计之后，我
们发现这件事不够有创意，也很难和其他
的大楼形成差异。在周围不断长出新大楼
时，我们发觉，不建楼反倒会比较有趣，
也更符合索尼的 DNA ——"做别人不做
的事"。

"公园"的理念其实在 1966 年银座索尼
大楼开业时就有了。索尼创始人之一盛田昭
夫把银座索尼大楼定位成"街中的开放设
施"。当时，在银座数寄桥交叉点的一角建
造的银座索尼大楼被称为"银座的庭院"。

而且，在银座这块寸土寸金的商业地带里
并没有公园，也几乎没有让人们在购物用
餐后可以随意坐下来休息的公共开放设施。
因此我们决定继承"公园"的理念，在银
座索尼大楼拆楼遗址建一座公园。

Q：你认为公园应该是什么样的地方？

A：我不认为有绿化的地方就可以称为公园。
公园更多是一个自由的场所，来公园的人
可以散步，可以听音乐，可以饮食，可以
自由做任何想做的事情。这种自由来源于
公园里有很多"余白"的空间。所以我们想
要建的城市公园最重要的是空间里有足够
的"余白"，接下来我们才考虑在公园里放
怎样的店铺，定期举办什么样的活动。我
认为公园好比是一个智能手机平台，公园
里的店铺或活动可以比喻成平台上的各个
App，人们可以根据个人需求自由地安装或
删除 App。因为有了"余白"，公园是不断
变化的。"一座有趣、特别、不断变化的公

园"是我们对银座索尼公园的定位。

Q：你们是怎样选定银座索尼公园中的店铺的? 有什么标准吗?

A：首先是需要和公园主题相符的店。比如相对一家高级法式餐厅，轻松的小吃店就更适合放在公园里。购物的话，应该没有什么人会在公园里买西装吧，那我们就会安排一些休闲的购物小店。因此不管是中式饮茶店 MIMOSA、熟食店 BEER TO GO、咖啡甜品店 TORAYACAFÉ，还是以便利店为灵感的购物小店 THE CONVENI，都是依照公园这个主题来设计的。其次，我们不希望银座索尼公园中的店是现在东京街头已有店铺的翻版。所以在寻找合作伙伴的时候，我们选择了愿意和我们一起创造最有新意的店铺的合作者。

Q：公园里为什么保留了老大楼的钢筋混凝土?

A：在不改变"公园"这个理念的前提下，2022 年，我们将会建造一座新的索尼大楼，现在正是新银座索尼大楼项目的第一期工程。我们在保留了部分旧建筑的同时也设计和建造了新的部分。如果完全翻新，那就和其他建筑没有区别。如果大家觉得银座索尼公园需要是新的、精致的、漂亮的，那我认为这是偏见。我们要做的就是打破这种偏见。我们保留了 50 年前索尼大楼的墙壁，我认为这是很特别的。可能有人会觉得不好看，但也有人会觉得很有趣。我们希望和认为它有趣的人一起创造未来。

Q：你们怎样确定每次在公园里举办的活动? 每次活动的周期大概是多久? 以及，你们如何选择合作方?

A：公园的活动主要围绕两个主题，"What's the SONY""What's the Park"，通常在公园地下二层的 Event Space 举办，每次活动的周期在一个半月到两个月。

关于 What's the SONY，我们曾经在 2018 年 8 月将 Event Space 设置成椭圆形旱冰场，让大家边听 Walkman 边滑

在公园的活动里，索尼通过巧妙设置活动主题，将人们的参与感与品牌联系起来。

索尼在公园内设置了供大家休息等待的 Waiting Room，让设计师自由实现各种新奇想法。

旱冰。因为提到索尼，很多人第一想到的是 Walkman，所以我们想以音乐为主题举办活动。但是如果直接把音乐搬出来就不那么有趣了，我们就想到索尼最早的 Walkman 包装是两个年轻人在公园边滑旱冰边听音乐的照片。从那里我们获得了灵感，通过让大家边听 Walkman 边滑旱冰，把音乐"编辑"后传达出去。

说到 "What's the Park"——我们在公园内设置了供大家休息等待的 Waiting Room。在那里，我们并不只是放上椅子，而是和设计师合作，让他们设计这个空间。Waiting Room 的桌椅也都由设计师选择。

选择合作方的时候，我们不会在意对方规模大小或者是否有名。我们会通过和负责人的沟通，考虑对方是否可以和我们一起做一些至今没有的、有趣的事。所以选择的基准最终在于人。因为实施项目的不是公司，而是人。如果我们和合作方的负责人不能以一致的目标和同样的视角工作，那项目就不可能成功。

我刚才提到，银座索尼公园不是商业设施而是平台，如果它是一个展厅或商业设施，那会带上很多限制。但如果它是个公园，可能性就很大，因为公园是个自由的场所，人们可以在里面做很多事。所以设计师和创作人也可以打开脑洞，给我们提供更多新奇有趣的点子。这好比智能手机的 Android 平台，因为这个平台是开放的，所以才会有各种各样的 App。

Q："一座不断变化的城市公园"是一个很新的点子。一般而言，在这么重要的一个空间，公司会用它宣传自家的商品。这家公园的用途和定位是什么？

A：从某种意义上来说，我们可能需要"教育"大家怎样去使用和享受这家公园，因为这是一个从来没有过的东西。到现在为止，索尼输出了很多当时人们的生活中还未存在的产品——Walkman、PlayStation、Aibo 等都是例子。最初会出现反对的声音，但我觉得有这样的声音是正确的，可以说这样才是健全的，因为我们创造的是从来没有过的东西。如果大家一开始就觉得这件东西很好，那我觉得它一定不是创新的产物。

对我来说，有赞成的声音，也有否定的声音才是一件令人开心的事。比如索尼刚推出 Walkman 的时候，受到很多人的反对和质疑。在那个年代，大家认为听音乐应该是在家里才会做的事，在室外听音乐，不但音质会变差，而且很危险。如果我们做了大家都期待的东西，那一定不能称为是创新。我们要做的是"教育"大家，而这是需要时间的，并且通过这座公园持续和大家"对话"。

Q：你觉得索尼的品牌形象是什么？能具体谈谈你提到的"通过这座公园持续和大家对话"是什么意思吗？

A：谈到品牌形象，每个人有自己的理解。我认为索尼的品牌精神在于"玩乐之心"。索尼在银座建造了一个公园，这件事本身就是一种"玩乐之心"。我们想通过银座索尼公园这个平台向大家传递这个信息。这种传递不应该是单方面的，而是双方的，所以是和大家"对话"，这需要时间。

有人质疑银座索尼公园里为什么没有索尼产品，我们不是要创造一个展厅，展厅只是陈列产品的盒子，我们要创造的是产品本身。人们了解索尼是通过其产品，所以

并不华丽的索尼公园能给"购物胜地"银座带来节奏感，为人们提供一个可以歇歇脚的地方。

和游戏机、照相机、机器狗一样，银座索尼公园不是一个商业设施，而是一件产品。这件产品和索尼的其他产品一样，向人们传递着索尼的品牌印象。银座索尼公园和至今为止的产品都不一样，它是一个场所，我们以这个场所作为我们的事业，并不断地通过 SNS、杂志等媒体告诉大家索尼公园是怎样一件"产品"。

Q：索尼公园在银座所处的地理位置能为公园的设计带来什么优势吗？

A：银座索尼公园的地理位置很特别，它面向银座的三条主要大街：晴海大道、外堀大道和索尼大道，也面向银座的数寄屋桥交叉路口。在东京，一般而言，建筑只会面向两条街道，特殊的地理位置给银座索尼公园带来了很强的开放感。公园的地下二层与东京地铁银座站直连，地下三层和西银座停车场相连。我们秉承开放公园的理念，极力减少门和墙，模糊了公园和地下铁、停车场的分界线。公园一直延伸到地下四层，所到之处，我们都设置了供人休憩的长椅和洗手间，留出了"余白"，让大家可以随意使用。

Q：你觉得索尼公园对银座街区整体的发展有什么影响？

A：我们希望这座公园能给银座街区增添节奏感。人生是起起伏伏、有高有低、有节奏感的。我认为这样的人生才是有趣的。街区也一样需要节奏感。有时尚的商场，也有传统的店铺；有宽阔的街道，也有狭窄的小路。

银座一直给人留下"华丽"的印象，但若单单是华丽，银座就变成了一座"主题公园"，只有喜欢华丽街区的人才会去那里。只有加上各种不同的元素，才会聚集不一样的

> 我觉得品牌给人的印象
> 不应该只停留在
> 产品很酷、很有趣这个阶段，
> 在这个对"酷"字有点累了的时代，
> 安心、轻松、舒适的品牌形象很重要。

人，银座才变得多样化，这最终带来了地区的可持续发展。

一座公园能给银座增添节奏感。如果在银座累了，想要休息，但商场里的咖啡厅要么满员，要么很贵，这时候就可以去索尼公园。这样的节奏感能使银座变得更有活力。

Q：公园建成后，你们收到过什么反馈吗？

A：不管是观光客还是城市白领，我们很高兴大家能接受"城市公园"这个概念。在后期调查中，大家来索尼公园的第一目的是"休息"，对索尼公园的第一印象是"玩乐之心"。这和我们的期待是相符的。

这个时代，只通过产品来传达品牌形象是不够的。大家通过产品知道索尼是个讲求创新、有技术力的品牌，但一个品牌需要更多深层次的含义。比如社会贡献、社会活动，几乎不可能通过产品来传达。索尼给人的印象不应该只停留在产品很酷、很有趣这个阶段，在这个对"酷"字有点累了的时代，安心、轻松、舒适的品牌形象很重要。这正是索尼公园想要带给大家的。这也是索尼对当下社会的一种回应。我们不会说它酷不酷，是否有趣。我们希望来到这个公园的人自由判断。这才是我认为品牌和大家的"对话"。Ⓜ

精致壮举，打卡胜地，
以及一段不易复制的再造新生

by / 场丁

这不仅是建设一个很酷的公园人们就会来的
故事。人们习惯了一个又一个的"老街区改造
升级"的成功故事，但是新的问题也来了——
居民们消失了。

Photo | 李沛霖

美国纽约曼哈顿岛下西区的高线公园（The High Line），可能是全球最知名的城市绿色开放空间之一。不同于曼哈顿岛摩天大楼林立的纽约意象，高线公园串联起街区，给人们展现着自然气息、艺术特质以及浓郁的生活氛围。这个曾经繁盛一时、如今废弃铁路功用的纽约中央铁路线南部高架区域，通过营造独特的绿色开放空间，展现了纽约的一个城市剖面，就像一条街区生活的动脉。

长达 2.4 公里的高线公园，从南至北穿越

了几个美国工业社会时期纽约曼哈顿西区最具活力的肉类加工工业区：从甘瑟弗尔街（Gansevoort Street）开始到 14 街属于肉库区（Meatpacking District），14 街至 34 街属于切尔西区（Chelsea District）。

高线公园以甘瑟弗尔街的惠特尼美国艺术博物馆（Whitney Museum of American Art）为起点，向北延伸到第 30 街，围绕着哈德逊码头重建项目，向西弯向哈德逊河，直到第 34 街的贾维茨会议中心（Javits Center）。北端，将与哈德逊码头

长达 2.4 公里的高线公园，可能是全球最知名的城市绿色开放空间之一。

再开发项目——哈德逊城市广场（Hudson Yard）融为一体，试图为人们展现具有未来感的城市生活图景。

01

**在成为你们认识的"高线公园"之前，
它是支撑着曼哈顿工业区的货运动脉**

高线公园延续了高线铁路的基因。

高线铁路的前身是一条修建于 19 世纪 30 年代的货运铁路，支撑着纽约市当时繁盛的肉类加工业。新鲜的肉类、黄油、牛奶、鸡蛋等产品通过这条货运动脉，给养曼哈顿岛的居民。然而利弊相生，当时的铁路在地面穿越路网繁密的曼哈顿街区的同时，也切割着城市，形成了 150 余处铁路与城市道路的交叉口，造成了大量的交通事故，第十大道成为一条"死亡大道"，铁路也成了街区生活的一条冷冰冰的界限，让人畏惧。

这条重要而危险的铁路就这样运行了百年。在将近一个世纪以后，美国经济进入大萧条时期，政府实施了一系列城市更新计划以刺激经济。纽约州政府和纽约中央铁路公司（New York Central Railroad）提出了西区改善计划（West Side Improvement Project），决定将曼哈顿西区的地面铁路货运系统抬到"空中"。五年后，高线铁路应运而生。

抬高之后的高线铁路便是如今高线公园的前身。为了避免之前的问题，尽可能减少对城市交通的影响，高线铁路选线进入了街区内部，形成了奇特的空间格局，列车沿高线铁路行驶，可以直接开到加工厂与仓库门口，甚至直接进入建筑内部。这样的

选线布局，也决定了后来的高线公园与街区之间亲密的空间联系。

高线铁路从 20 世纪 30 年代建成至 20 世纪 80 年代停运，历经半个世纪。高线铁路与曼哈顿西区相伴相生，见证着曼哈顿西区的发展与产业结构的不断演化。二战结束后，随着美国公路运输业及水路运输业不断发展，再加之政府对铁路运输的政策管制，高线铁路逐渐萧条，曼哈顿西区肉类加工业也从繁盛至没落衰败，高线铁路陷入了长达 20 年的落寞寂静，沿线街区也沦为混乱与贫穷的后工业遗迹，这一条本应给街区注入活力的"动脉"停止了跳动。

同样在美国纽约曼哈顿的苏荷街区（South of Houston Street，也就是常说的 SoHo 街区），从 20 世纪 70 年代开始，因为纺织工业的衰败而萧条，到处是租金便宜的闲置仓库。先锋艺术家们把自己的工作室搬到这里，比如波普艺术家安迪·沃霍尔（Andy Warhol）著名的"Factory"。80 年代末，因为艺术家聚集，SoHo 街区租金与地价不断飙升，街区开发越强，留给艺术家的空间反而越少。此时，切尔西区这个同样的后工业废弃街区，开始吸引许多艺术工作室和画廊的目光。

1987 年，纽约迪亚艺术基金会（Dia Art Foundation）决定搬进切尔西区一个废弃的工厂，也引发一批艺术工作室"逃离 SoHo 街区"。切尔西区吸引了众多艺术家聚集，随着艺术的扎根以及自由主义的发展，也成了著名的性少数群体街区。切尔西区也渐渐从被城市发展遗忘的角色，因为艺术而开始焕发起新的生命力。

02
高线铁路新生：如何平衡各方利益？

在高线铁路沉寂的 20 年间，它也始终处在拆与不拆的危险和争议中。20 世纪 80

年代中期，一群居住在高线之下的居民为了更好的居住环境，希望政府拆除高线；随着切尔西区的新生，地产开发商希望拆除高线，像 SoHo 街区一样推进城市开发；政府也因为废弃的铁路影响城市风貌，对高线铁路耿耿于怀。

但高线铁路终究是静静地走过了 20 年的岁月，也渐渐演化成了独特的生态环境。在城市的夹缝中迁徙的动物为废弃的铁路带来了种子，各种野生植物在这里萌发、演化，20 年来，周边的城市不断生长，高线成了一个区别于城市生态环境的线性自然野趣空间，也是周边街区孩子们探险和发现自然的启蒙导师。

1999 年，两位居住生长在沿线街区的居民——约瑟华·大卫（Joshua David）和罗伯特·哈蒙德（Robert Hammond）发起了非营利性组织——高线之友（Friends of the High Line）。哈蒙德和大卫在是否

要拆除高线主题的社区委员会会议上相识，当时的纽约市长鲁迪·朱利安尼（Rudy Giuliani）提出希望将高线公园拆除。

不同于大多数参会者希望拆除高线公园的意见，哈蒙德和大卫有着共同的童年记忆——在高线杂草中探索世界，两人决定保护高线。他们试图借鉴法国巴黎的废弃高架铁路改造实践——Coulée verte 线性公园，将高线铁路更新为服务城市的公共开放空间。Coulée verte 线性公园建于 1993 年，同样是一处长达4.7 公里的高架线性公园，建在巴黎第 12 区的废弃铁路基础设施之上。

一家为社区规划项目提供小额资金的非营利机构 Design Trust，愿为哈蒙德和大卫提供部分启动资金。当时正是纽约2001年市长选战，他们拿着这笔钱去游说当时的市长候选人——迈克尔·布隆伯格（Michael Bloomberg）：如果资助布隆伯格成功当选，这位新市长就要跟他们站在一边，帮助高线变成公园。后来发生的事情我们都知道了，布隆伯格成功当选纽约市长。

纽约是个特殊的城市——说服了市长也就意味着把握了预算的方向。但获得布隆伯格支持的高线之友也不是说就此一路绿灯，高线之友还是花了三年时间，与政府、土地所有者以及开发商不断沟通，平衡各方利益。沟通的关键要素无非是要说服各方，这件事对他们都有什么好处。情怀可能很难说服这些精明的政客与生意人，他们需要看到数字。

当时"9·11"事件发生不久，整个纽约经济低迷，想让市长拿出一笔钱来先修建公园并不容易。为了说服市长，高线之友找

到了宾夕法尼亚大学设计学院的教授坎蒂斯·达蒙（Candace Damon）来做高线公园的建设与运营资金规划。通过初步的经济影响分析，达蒙提出，将高线公园与临近的街区纳入统一的开发体系中，将会为邻近街区创造出更大的开发价值，激活整个社区。

但市长关心的是，这个项目带来的房地产价值，能否高于公园建设成本。达蒙的团队调查得出结论，预计高线公园建设费用为6500万美元，之后的20年间，将会为纽约带来1.4亿美元的额外税收收入。而且，经过评估，比起拆除铁轨开发土地，将铁

轨下土地空间权出售创造的房地产总值预计达到5亿美元。

布隆伯格最终同意了这个项目。他让高线之友提出经营方案，从此负责公园的运营，自行筹集运营费用，这样，政府几乎不需要承担公园的运营成本。

终于，"高线铁路更新计划"得到了包括纽约市政府、拥有高线所有权的纽约铁路公司等机构和私人团体的共同支持。纽约市明确将"高线铁路更新计划"纳入城市系统规划中。随后，城市规划局颁布了"切尔西区重新区划决议"，通过"高线转换廊道"

（High Line Transfer Corridor）以及"最大容积率奖励政策"，将高线公园的建设与周边街区的建设发展相结合。

"高线转换廊道"其实是一个平衡多方利益的方法，目的是将高线转化为公共空间的同时，保证高线下土地所有者的利益，并合理引导两侧居住区混合多样发展。它允许土地所有者将这一部分土地的空间权出售给两侧居住区地块的开发商，并规定为居住和商业功能。

"最大容积率奖励政策"则重新划分了高线铁轨所在片区的土地，开发商可以通过

三种途径——接收高线铁轨下土地空间权的转让、提供高线公园发展资金，以及建设保障性住房，以提高建设地块的容积率。这个政策还规定，开发商通过容积率补偿，每获得 1 平方米奖励建筑面积，就需要投入 50 美元，用作高线公园的发展资金。通过这种方式，既可以让开发商获得利益，也可以保障高线公园的长远发展，也为周边贫困居民提供住房保障。

2004 年，纽约市政府承诺投入 5000 万美元建设高线公园，2005 年 11 月，CSX 运输有限公司将高线铁路捐赠给纽约市，高线公园项目正式开始启动。

高线公园总投资达到 1.53 亿美元，资金分别来自纽约市、联邦政府以及州政府，其中纽约市拨款 1.12 亿美元。除此，高线之友也向名人、公众、机构与公司募集了将近 2000 万美元用于规划设计和建设。

03

不易复制的成功：这不是建设一个很酷的公园人们就会来的故事

这场更新也成了全球建筑师们竞相表现的舞台。2003 年开始，"高线更新计划"面向全球开放征求设计意见。最终，詹姆斯·科纳风景园林事务所（James Corner Field Operations）领衔、建筑事务所 Diller Scofidio + Renfro 参与的团队，从 36 个国家的 720 支团队中脱颖而出，获得了重塑高线的机会。

在"高线更新计划"规划建设之初，高线之友就开始展出专业的运营能力。这个组织请到了美国著名的纪实摄影师乔尔·斯特恩菲尔德（Joel Sternfeld），用镜头记录高线铁路一年四季间的自然之美，在《纽约客》杂志发表，并且也出版了《高线漫步》（Walking High Line）主题写真集。斯特恩菲尔德以纪实摄影作品闻名，纽约 MoMA 艺术中心和洛杉矶盖蒂中心都收藏了许多他的作品。

斯特恩菲尔德的作品成功引起了媒体与公众的兴趣，也获得时尚设计师黛安娜·冯·菲尔斯滕贝格（Diane von Fürstenberg）、演员爱德华·诺顿（Edward Norton）等人的鼎力支持，为项目筹集了大量资金。

随后，高线之友邀请政府、私人团体和街

高线公园路线图

- 第一段公园（2009 年开放）
- 第二段公园（2011 年开放）
- 第三段公园（2014 年开放）
- 马刺公园（2019 年开放）

区居民，共同欣赏斯特恩菲尔德拍摄的高线公园四季景观影像，探讨与思考未来的高线公园应该是什么样的。他们得出结论：大家共同的愿景就是延续保留高线公园最独特的历史文脉——废弃的铁轨以及高线形成的自然野趣的动植物生态环境。

经过十多年建设和三阶段改造，高线公园终于在2009年对公众开放南侧第一段公园，2014年完成全部改造内容，长达2.4公里的高线获得新生，向纽约市民和来自世界各地的"朝圣者"开放。

高线公园的景观设计保留了"铁轨"这一重要文化符号，形成场地的骨架，空间就沿着铁轨逐段展开。带状空间中，调整绿地空间与硬质铺装之间的比例关系，通过绿与灰、园艺与硬质、植物空间与人活动空间的并行宽窄变化来创造不同的空间体验。在入口处或需要创造集中的广场空间时，地面就换成硬质铺装；北侧一段原生植被良好的地段，则保留生态环境，在上面架设栈道，也是一种有趣的空间体验。

在这个特殊的公园里，园艺也是一个不容忽视的考量因素。不同于传统的地表种植，在高线公园这样的架高空间，种植土壤较薄，主要由灌木和草本植物形成景观，所以，园艺对于高线公园来说十分重要。

为了呈现"同一个角落的园艺种植，在四季不同时间的景观完全不同"的效果，高线的园艺师们会详细记录每一季植物生长的情况以及景观表现，以便在之后的园艺方案中优化植物配置。不仅如此，2017年，高线公园和美国自然历史博物馆的昆虫学家一起调查了高线公园内的原生蜜蜂种群，并根据他们的建议调整植物，以利于蜜蜂

筑巢和栖息；反过来，蜜蜂也是植物之间传粉的自然媒介。

正如高线之友的初衷——为生活在高线周边的居民创造一处开放空间，长达2.4公里的高线公园空间分成三段来创造多样化的空间体验，也相应布置了三处主要出入口。同时，每隔两三个街区，就预留了一个便捷进入高线公园次级出入口。高线公园以开放的姿态，邀请周边的居民走进高线公园。

高线铁路位于街区之内，如此亲密的空间关系，使得漫步在高线公园的游客，不仅可以欣赏设计师精心设计的园艺景观以及高线遗迹之美，更可以从开放的高线公园领略到三个街区的城市界面与生活剖面，最后远眺哈德逊河的旖旎风光。

时间沿着线性的铁轨延伸，缓缓诉说着高线公园的故事，高线公园穿行过的城市界面，有不同时期生长在高线沿线的建筑，有历史上的废弃工厂，墙体画满了城市涂鸦艺术家的新作，有街区生活的喧闹市集，也有形式新颖抓人眼球的现代建筑，沿着高线还分布了许多世界知名建筑师的作品。若是沿着这一区闲逛，也有人给出了"建筑空间巡礼"的评价。

2015年，位于甘瑟弗尔街的惠特尼美国艺术博物馆新馆对公众开放，毗邻高线公园南侧起点。该建筑由建筑师伦佐·皮亚诺（Renzo Piano）设计——他也是巴黎蓬皮杜艺术中心的设计者，自2015年开业后，现已成为高线公园南段的主要文化中心。

高线向北，沿途穿过肉类加工区，14街以北就是纽约著名艺术街区之一的切尔西区，艺术家工作室及各类画廊聚集在公园沿线。

在 15 街，高线空间直接进入到了曼哈顿岛著名的切尔西市场综合体建筑内部，人们可以直接进入食品大厅（Food Hall）购物。切尔西市场综合体也是一处典型的旧街区改造项目，东西向以第九和第十大道为界，南北向以 15 街和 16 街为界，体量巨大的城市综合体占据了整个城市街区。切尔西市场功能混杂多样，是极具人气的生活空间，这里有各种小商店出售奶酪、手工盐、橄榄油、巧克力和鲜花，也有各式各样的风情餐厅——顺便提一句，这个市场于 2018 年 3 月被 Google 的母公司 Alphabet 收购，Google 将纽约办事处设在这里，YouTube 也在这里有一部分办公空间，这里已成为租金飞涨的"新型商业空间"。

切尔西市场综合体第十大道一侧，还有知名日本料理厨师森本正治邀请著名建筑师安藤忠雄为自家餐厅 Morimoto 设计的建筑，森本正治因为参与电视烹饪节目 Iron Chef 节目而知名。

驻扎在切尔西区的艺术家们也参与到了高线公园的设计当中。高线公园与切尔西市场交叉的一面山墙上，排列着数个巨大的玻璃网格，这是美国艺术家斯宾塞·芬奇（Spencer Finch）在 2009 年留下的大型装置艺术作品"The River That Flows Both Ways"。

芬奇拍摄了 700 张哈德逊河水面在不同天气和水文条件下呈现出的影像，提炼影像中的色彩，制成 700 块大小相同的玻璃块，700 种紫色和灰色系不同的色彩都经过校准，构成了哈德逊河流的动态肖像。

高线向南至第 18 街，人们可以看到世界知名的建筑大师弗兰克·盖里（Frank Gehry）设计的 IAC 大楼——这是互联网

高线公园运营的 5 个经验

❶ 由民间发起街区改造计划
也正因如此，计划的关键词就成了"说服"。为了让提案被政府、开发商、居民等各方参与者接受，就需要翔实的调研和平衡各方利益的方案。在这个项目里，最终通过"高线转换廊道"（High Line Transfer Corridor）以及"最大容积率奖励政策"，高线公园的建设得以与周边街区的发展相结合。

❷ 多元化的募资途径
资本的确是推动项目前行的保障，高线之友在筹措资金上有一套自己的方法。在前期获得少量启动资金后，通过拍摄影集、统一视觉传播和社交网络发声等方法提升知名度，获得公众声援。稳定运营时期，则通过捐赠会员制度、收费活动、销售商品等方式筹措资金。

❸ 优秀的景观设计
詹姆斯·科纳风景园林事务所与 Diller Scofidio + Renfro 建筑事务所设计了公园景观，设计上既保留场地记忆与铁路空间特质，也注重高线空间与城市之间的视线联系，让访问者可以欣赏沿路景观。植栽选择场地原生植物，既注重多样化，也保证不同季节呈现不同景观。沿途也设置较多与线性设计元素统一的创意化的长椅，行人可以随时驻足休憩。

❹ 充分调动志愿者
包括公园周边社区的居民在内，拥有不同背景知识的人可以登记为志愿者，成为游览导游、游客导引员、园艺合作方、运营助理、除雪员、花坛作业员等，为公园日常运营服务。

❺ 用活动带动人气
将周边区域的历史、设计、艺术、植物等包装为不同主题、1 小时左右的参观方案。此外，根据特定领域的主题，比如"植物造园鉴赏""生物际遇"等，邀请专家，设置收费主题参观行程。在城市开发与街区规划方面，也通过召开研讨会与演讲并且把活动视频在官网上公开的方式，获得影响力。

公司 Inter Active Corp 的总部。盖里早在 1989 年就获得了世界最重要的建筑奖项——普利兹克建筑奖。在第 28 街则有建筑师扎哈·哈迪德（Zaha Hadid）设计的 520 公寓楼，扎哈也是一位普利兹克建筑奖得主，作品具有流线的张力感。

2009 年开始，第一段高线公园完工开放。纽约公园部门（Park Department）也给高线之友颁发了执照，高线公园归纽约政府所有，高线公园的经营权正式交给了高线之友。

高线之友的运营方式仍然是如今公共项目运营的模板——2016 年度总收入 1507.8 万美元，其中拥有完善捐赠流程的民间捐赠占 7 成，28.1% 来自收费活动（比如各类主题参观），政府补助只占 1.8%。这些资金主要用于公园设施及园艺养护、筹办活动、开展公共项目以及拓展社区联系。它还主办了各类活动——既有婚礼、舞会，也有演出、分享会。

为了更好地募集资金，高线之友联合纽约知名企业家和慈善基金会代表组成董事会。每个季度，高线之友都发挥纽约名流云集的优势，组织酒会晚宴来筹集资金，参加晚的门票最低为 2500 美元。

"高线公园的成功不易复制，这不仅是建设一个很酷的公园、人们就会来的故事，关键是建设一个很酷的公园并把它纳入到区域格局里。"高线公园总规划师詹姆斯·科纳说。

高线公园的线性空间，将周边地区多样化的功能贯穿在一起，将城市功能和公园空间纳入同一体系。高线公园已成为街区生

围绕高线公园的争议：项目到底为的是谁？

❶ 居民 vs. 游客

虽然项目初衷为居民而设，但居民没有真正走进公园。在运营时，与政府、开发商相比，居民的声音常常处于弱势。新地标吸引了更多人拜访，但是这些游客的好奇与喧嚣也在驱逐本地居民。有人认为，公园在设计时的确试图与本地居民产生对话，但他们只是为居民开放了非常少的对话空间，决定权仍在设计者自己手里——居民更想要的只是工作机会与更适宜的生活成本。也有人认为，公园留下太少的入口，增加了本地人主动多次拜访的难度。由此，有人提出，在项目设计之初，就应该有足够多的声音放到台面上共同讨论。

❷ 阶级之争

高线项目已经成为了城市历史中街区发展"急速士绅化"的典型代表。高线公园的发展带动了周边区域的开发，促进了周边老建筑的更新，也提升了周边土地的价值，创造出经济利益和新的就业机会。但最终，还是富人们被吸引来到了改造后的新街区，原有居民因为无法负担高涨的生活成本而被迫再次边缘化。高线公园成为一个"新"纽约的象征。

❸ 种族之争

虽然高线公园在社区经济复兴、人口吸引、产业发展、公共空间配置等多个层面有着重要作用，但有研究者提出，拜访高线公园的人群绝大多数是白人，高线公园公共空间的设计者也以白人居多，与之相对，切尔西居民有三分之一是有色人种。公园违背了初衷，在人群构成上严重缺乏多样性，是一个"失败的民主公共空间"。

活的重要舞台。2015 年，高线公园吸引了 760 万游客参观，其中 200 万是纽约人——记住这个数据，它也带来了新问题。

04

社区居民并没有走进公园：
"完美规划"的矛盾未来

正如那些街区振兴的先例，不仅仅是中产阶级和穷人，富人对街区生活再次丰富起来的地区重新扬起兴趣。高线公园的发展带动了周边区域的开发，促进了周边老建筑的更新，也提升了周边土地的价值，创造出经济利益和新的就业机会。新公寓与楼盘如雨后春笋般出现。

与高线相邻区域的房价也在不断提升，美国纽约房地产网站 StreetEasy 在 2016 年 8 月发布的一份报告中表示，高线两侧的住房比东侧两个街区售价高出20%。2016 年 5 月，公园第一区和第二区的住房中位售价分别是 440 万美元与 600 万美元，仅向东两到三个街区，售价也差了两三倍，同期房屋中位价大概是 193 万美元。

当然，高线公园沿线新开发的项目中最受瞩目的当属高线北段的哈德逊城市广场（Hudson Yard），这是个整体抬高覆盖在原先哈德逊铁路枢纽站场上层的城市综合体，南、北、西侧都被高线公园包围，抬高的城市活动界面恰好与高线公园连接。哈德逊城市广场预计于 2024 年全部完工，是美国自洛克菲勒中心（Rockefeller Center）建成后规模最大的私人地产开发项目，由美国地产巨头瑞联集团（Related Companies）主导开发，建设办公、商务、私有产权住宅等多样功能的17 座建筑群。高线公园房地产的快速发展使物价一路飙

升，切尔西区的产业也再一次在城市的发展中更替代谢，那里的许多店铺因无法负担上涨的租金，选择关门或离开。公园周边新建的高级公寓取代了废弃的厂房，可以付得起高级公寓费用的高收入者取代了部分社区居民，被迫搬离的人则搬到了高线沿线由政府提供的两个大型保障住房区域居住。

高线公园的建设初衷，是成为社区居民的公共福祉、提供家庭休闲的户外空间、周边孩子认知自然的启蒙花园、奔跑跳跃的游戏场地。

然而，规划从来不是一个静态的美好目标，随着公园的发展，新的多样的邻里关系也在这里形成。2000年到2010年，高线周边社区人口增长了60%。新的问题也由此而生。你会发现，拜访这个有活力的新空间的人群正在由这些人构成：新开发高档住宅的纽约富人、游客、购物者，以及在附近上班的人群。

"当公园开放时，我们意识到周边社区居民并没有走进公园。这有三个原因，第一，他们认为这个公园不是为他们而建的；第二，他们也没看到同类人在公园里；第三，他们不喜欢这个设计。"高线之友的创始人之一哈蒙德在 2017 年接受商业杂志《Fast Company》网页版采访时说。

的确，高线之友在努力加强与周边社区的联系，为了调动社区居民，高线公园开始举办各种户外活动，满足不同人群的兴趣需求，吸引人们走出家门、走进高线。

高线公园和切尔西区的一个面向低收入家庭居民的社区组织——哈德逊公会（Hudson

高线更新计划关键节点	PHASE 1 选定提案	PHASE 2 确定范围	PHASE 3 组建团队	PHASE 4 项目调查
	2000.11 Design Trust 委员会接受高线之友的提议，拟定了高线如何作为城市公共设施的一部分发挥作用的高线计划。	**2000.12** 高线之友与 Design Trust 确定了高线计划的范围、预算以及项目的计划进程。	**2001.2** Design Trust 与高线之友给予两位建筑师学术奖金，邀请他们牵头组建团队推进项目相关研究，编制可行性研究报告以及进行高线计划相关的社区推广。	**2001.3** 项目团队研究了高线的历史、场所现状、分区现状、土地利用现状，以及调查社区对空间的需求。

PHASE 10 发布高线计划建议方案	PHASE 11 影响			
2002.2 最终，出版刊物《拯救高线》。文章通过比较高线铁路的四种不同改造方式，最终提出：保护、改造高线成为公共开放空间是最佳选择。	**2009.6** 南侧第一段公园正式向公众开放。	**2011.6** 第二段公园正式向公众开放。	**2014.9** 第三段公园正式向公众开放。	**2019** 高线公园支线项目——马刺公园（The Spur）计划开放，既与其他三个社区公园连接，也与哈德逊城市广场融为一体。

Guild）合作，每年向3200个儿童和家长提供高线公园参观游览、课后艺术项目等服务。

高线之友还邀请高线周边社区的儿童和建筑师们一起玩乐高积木。这是高线公园和"The Collectivity Project"于2015年的一个合作项目，主题内容就是用白色的乐高积木搭建城堡。

高线之友也为周边社区的青少年提供有偿的实践培训。高线之友每年会雇用周边社区十多岁的孩子协助园艺工作以及艺术策划，既是社会实践又是技能培训。

在冬季，高线公园会组织周六冬季游园会，发现冬季植物的枯枝、宿存的果实、干燥的叶片、干茎和种子的美。等到下一年初春，高线的园艺团队会和众多志愿者一起，清理多年生植物的枯枝，用来堆肥，提供高线新一年植物生长所需的有机肥料。

"政府愿意去做这个项目的主要原因是它能提高价值，但我们想要城市理解的是另外的问题——不仅是经济方面，而且是社会方面。围绕项目，之前需要面对的主要问题是如何筹集资金和设计，如今，我们越来越清楚地意识到，最关键的一点是对周边社区居民的社会公平问题。"哈蒙德说。

为协调周边社区不同阶层、不同人种、不同趣味的居民，高线之友成立了公共艺术机

PHASE 5	PHASE 6	PHASE 7	PHASE 8	PHASE 9
协商会议：开放空间	协商会议：交通系统	协商会议：再复新	协商会议：商业	综合意见，提出方案

2001.5

第一次协商会议，议题主要是关于开放空间。参与者包括环境艺术家玛丽·米斯（Mary Miss），炮台公园城（Battery Park City）的泰莎·赫胥来（Tessa Huxley）以及社区委员会的帕姆·弗雷德里克（Pam Fredrick）。

第二次协商会议，议题主要是关于道路交通系统。参与者包括区域规划协会的杰夫·祖潘（Jeff Zupan）以及纽约大学公共服务研究生院规划和公共管理教授、纽约市民基础设施系统研究所所长雷·齐默尔曼（Rae Zimmerman）。

第三次协商会议，议题主要是关于道路交通系统。参与者包括 Design Trust 研究员凯西·琼斯（Casey Jones），哥伦比亚大学的布莱恩·麦格拉斯（Brian McGrath），分区规划专家洛伊斯·马兹泰利（Lois Mazzitelli），以及社区活动家罗斯·格雷厄姆（Ross Graham）。

第四次协商会议，议题主要是关于商业。参与者包括 Design Trust 的研究员凯西·琼斯，社区委员会的汤姆·伦克（Tom Lunke）以及来自纽马克·奈特·弗兰克（Newmark Knight Frank）地产公司的斯蒂芬·斯科菲尔（Stephen Schofel）。

2001.10

项目团队综合研究与发现，开始整理和制定高线计划的最终成果可行性研究方案。

构，策划公共艺术展的长期计划，主题涉及种族隔离、种族歧视、公共空间等。公园将这类艺术活动称之为"Panorama"——全景，取"视角的广度"之意。围绕社会先锋主题的雕塑，各种前卫的行为艺术在高线公园这个城市开放的空间上展示，范围囊括绘画、摄影、装置艺术、展览、互动艺术以及艺术教育等诸多门类。

高线成功了吗？从商业与运营上角度看，没错。但在 2011 年，哈蒙德在一场 TED 演讲中说："我们就是当地社区的一分子。我们的初衷就是推动街区的发展。"他承认，从某种程度上来说，"我们失败了。"

高线公园周边的住户菲利普·米卡利（Philip Micali）一方面认同高线公园项目是"一个很棒的概念"，并且"得到了很好的执行"，但同时要求在自己的私人露台前增加绿色屏障，来保证安全和隐私。

《正在消失的纽约》（Vanishing New York）一书的作者杰瑞麦·莫斯（Jeremiah Moss）也在《纽约时报》专栏中写道，高线项目已经成了城市历史中街区发展"急速士绅化"的典型代表。在《纽约时报》杂志的一次访谈中，科纳谈到了自己的设计方法，"高线自有独特的存在感，一股忧郁的气质。这是我们不想抹杀的。"

但它仍然成了一个热闹的地标，代表着城市更新中的"新"纽约。🅜

坐落在表参道和
南青山十字路口的
Spiral 大楼。

一家公司，
如何塑造有魅力的
艺术文化空间？

by／唐雅怡 *photo*／唐雅怡

在日本东京，涩谷、原宿一带总被称为"激战区"，在这里仿佛什么都能嗅出时尚的味道。穿着别致的行人、造型精致的甜点、密集而各异的文艺店铺，既吸引着本地人的目光，也吸引着大批游客拜访。

这里的时尚感由来已久。20 世纪 70 年代至 80 年代的东京，涩谷 PARCO 等百货一度是设计文化的发源地，零售业牵头推动着前卫文化，设计与商业场所紧密结合。百货店作为文化中心，巧妙利用建筑内部一个个实体空间，建立画廊与剧场、结合商品销售与展会、提拔年轻设计师进入市场，这一系列商业活动也就成了新生活文化的体验场。

森大厦公司在原宿建立地标建筑 Laforet 七年后，坐落在表参道与南青山十字路口的 Spiral 大楼建成，以同样文化与企业相结合的方式，通过各式各样的提案，倡导"与艺术融合"的新生活方式，成为又一座前卫艺术与设计的发源地。

而 Spiral 大楼建成之后的 20 世纪 90 年代，越来越多的企业开始投资公共事业以提升企业形象，百货店的局势逐渐被更为细分与开放的公共空间打破。

Spiral 大楼是内衣公司华歌尔在 1985 年

这座本来是公司内部事业的大楼已成为东京人气文化发源地之一。他们如何通过展览＋奖项＋宣传，让一座大楼在三十多年间都维持品位与吸引力？

设立的综合设施。第二次世界大战后，西洋日用品制造产业萌发，华歌尔正是成立于这一时期，以"传达女性的美"为理念，开始制造女性内衣。那时候日本刚导入女性内衣，完全没有制造经验，为了理解与开发产品，华歌尔以西洋服装为中心展开收集、保存及相关研究。1970 年大阪世博会，华歌尔与立家缝纫机合作，以"世界的婚礼"为主题出展，八年后，为了促进日本服饰文化的发展，华歌尔在京都总部成立京都服饰文化研究基金会（KCI），此后企划了很多在日本西洋服装史上占重要位置的展览，伴随着日本西洋服装的发展一路成长起来。

京都服饰文化研究基金会注重"研究"，而之后建立的 Spiral 大楼最初是为了支援研究，也是为了有一个企划活动的"场所"。Spiral 大楼由"华歌尔艺术中心"运营，以25 岁至 30 岁的年轻女性为最主要目标群体，秉承着"让女性在进出大楼之间变得更美"的理念，与"文化的事业化"的目的，建筑内部设有多用途大厅、画廊、生活杂货店、咖啡厅、餐厅、酒吧、沙龙等空间，在里面可以边喝茶边看展，边喝酒边欣赏音乐会。

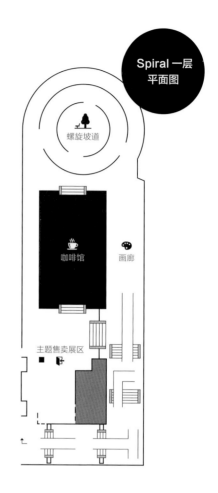

01
建筑与设计：螺旋大楼妙在哪儿？

Spiral 大楼设计由建筑师桢文彦操刀，纯白外观由铝合金板打造，结合玻璃等不同素材，构建了现代而简练的建筑外观，铝和玻璃的外立面也反映了周围街景的混乱性质。建筑外墙上添加有正方形、圆形、三角形、圆锥等基础几何形态，像一幅几何拼贴画，破除纯粹线条的冰冷，添加了灵动之感。而同样具有几何气质的 logo 由设计师仲条正义设计，去掉曲线与弧度，字

母的笔画全由横竖线构成。

"Spiral"意为"螺旋"，这个名字来源于其内部螺旋上升的坡道，因此 Spiral 大楼也被称为"螺旋大楼"。Spiral 大楼里这个最具特色的空间被称为 Spiral Garden，桢文彦针对"多种领域结合的复合空间"这一主题，设计了一个看似浮动的螺旋坡道，环绕整个画廊空间，从一层延续到二层，行走其中，视线交互移动，带来了洄游式的连贯妙趣。自然采光也被保留，光线从天顶玻璃中照射下来，照亮坡道，自然形成圆形中庭，让空间流动而有弹性。三十多年来，这里曾化身为艺术、设计展的展

览艺廊，或是话剧、音乐、时装秀等演出的舞台。

空间的另一边，是从一层连接至三层的大楼梯，其间偶尔也摆放着展品，楼梯面向青山大道一侧的落地玻璃窗前摆放着一排椅子，供人们在空间内休息，同时眺望南青山地区的街景。楼梯尽头的三层，则是另一个多功能大厅 Spiral Hall。

可能是受 Spiral 大楼影响，2000 年以后，表参道上还建成了两座带画廊的综合商业空间，分别是安藤忠雄设计的表参道 hills，以及荷兰建筑事务所设计的 GYRE 大楼（意为"漩涡"）。这两座建筑形态也都是螺旋上升的形态。

02
展览、活动与零售：如何兼顾品位与盈利？

Spiral 大楼包括地下共有十层，除了四楼用作办公区域，其他空间可大致分为展示空间、店铺、餐厅三类。一层 Spiral Garden 与三层 Spiral Hall，均是面向外部出租的展示空间，场地租借也是这里主要的盈利渠道。这里一年举办 30 档左右的活动，展期大多在一周左右。

Spiral Garden 最初受当时美国大型装置艺术文化启发，旨在塑造一个适合呈现大型装置艺术的场地。12 米高的圆形中庭、螺旋坡道、自然采光让这里非常适合展出大型装置，参观者能够沿着蜿蜒的路径，被引导到高空，全景式地观看整个空间。

除了圆形中庭外，一层还包括可作画廊的走道和楼梯口的空旷空间，合计 320 平方米都可租用，可容纳 300 名参观者，一天的

租金将近 7 万元人民币。很多企业和团体选择租下整层空间举办回顾展，日本知名造纸公司竹尾的年度纸张展览会 "TAKEO PAPER SHOW" 常在这里举行，每年春天日本毕业季，武藏野美术大学、多摩美术大学、东京造型大学等艺术大学的陶瓷、玻璃、金属、纺织等工艺学科也会在这里举行毕业展。

作为大楼的门面，这里的展览选择非常严格，高昂租金也是 Spiral 的过滤器，一天好几万的租金，意味着想随便找个场地的人会被自动过滤掉。但场地的名气仍吸引越来越多组织前来申请，其中大多是大型企业。展期设置上没有过多限制，一般来说，市集、竞赛、毕业展等活动的时间要短一些，企业文化活动大约可长达两周。

三层 Spiral Hall 除了作为展示厅之外，也适合作为音乐与舞蹈等表演的演出大厅。空间包括将近 300 平方米的演出空间和 200 平方米的大堂，可容纳两三百名参观者，全天 12 个小时的出租费用约 5 万元人民币，每小时的出租费用约 5000 元人民币，照明、音响、舞台等器材租用费和技术人员劳务费另算。这里举办过山本耀司内部买手会，电子音乐家池田亮司、舞蹈团队 elevenplay、新媒体公司 Rhizomatiks 等均在这里演出过。

大楼内还分布着大大小小的店铺与餐厅。一层入口处有可对外出租的主题售卖展区 Showcase，展区内定期以主题更换售卖限定商品。入口另一侧的开放式设计品贩卖空间 MINA-TO 中，所有展台都是由白色金属网架构成，这里主要售卖新锐艺术家与设计师的原创品牌，商品会定期更换，还会根据 Spiral Garden 的当期展览售卖

商品。每年 2 月日本美术大学毕业展期间，店铺里会售卖部分毕业作品，也是这里生意最好的时候。

Spiral Garden 螺旋上坡的尽头，是杂货店 Spiral Market，和其他杂货店一样，精选了约 6 万件国内外名家作品，诠释优质的生活品味，其中还售卖 Spiral 自有品牌的文具杂货。店铺内部有一块小展览区，这里一直持续着企划展览 Spiral Market Selection，大体以两周为单位，限时展示与售卖精选的艺术家作品，作品的选择上重视土、木、玻璃、布等各样的原材料的质感与手工技术，这个企划现在已经持续了 400 余期。

除了东京青山的实体店，Spiral Market 也展开了多渠道销售，开设了分店 +S 和线上店铺 Spiral Online Store。此外，Spiral 还运营着线上唱片商店 Spiral Records。现在 Spiral Market 共有四间分店，三间在东京，开设在别的商业空间内，每一间都根据所在地，分别选取"聚会""标准""质感"三种不同主题，店内售卖的产品也根据主题有所不同。另一间分店开设在名古屋，以"Creators Gate"为主题，同样限时展示与售卖艺术家作品。在线上店铺中，对商品的信息有更详尽的介绍，可以买到分店限定的商品，限时展览结束后被撤下的商品也能在线上店铺买到。现在店铺还有特别的企划"Creator's File"，不同于展售，在网站上登载的文章里有更多的创作故事和采访。

五层的 call 是餐厅与精选杂货的集成店铺，它也是服装设计师皆川明的品牌 mina perhonen 的延伸，这里售卖来自世界各地的精选手工艺品、mina perhonen 的童装

与布艺生活家具。

Spiral 大楼内还有更多的生活店铺，第六、七层开设有四间不同主题的女性沙龙及一间瑜伽工作室。

一层咖啡馆紧邻 Spiral Garden，这里并不是一个封闭空间，坐下来刚好一边喝咖啡一边看展，而晚上营业结束后这里能够被租用作宴会场地。现在画廊与咖啡馆结合的艺术空间很多，但在 Spiral 建成之时这是一个突破性的规划，而在设计之初这个咖啡厅原本也是画廊空间，最后在开业前 4 个月，考虑到艺术空间配比太大、人们

观展可能会觉得无聊才临时修改的。

地下一层的自营音乐酒吧餐厅 CAY 以"环境好、价格适宜"为定位，针对年轻消费群体推出人均约人民币 200 元的食物。这里不定期上演音乐演出，同样开放场地对外出租，适合晚宴或音乐等现场演出。

除了咖啡馆和酒吧餐厅，大楼五层有日本茶房，八层为高空法餐厅。

青山街区宁静，不张扬，有一种天然的艺术感。Spiral 也是如此，大到建筑设计，小到商品选择，也都不张扬而有质感。建筑纵向的垂直动线，让空间更具开放感，不同功能的楼层交错设置，不算华丽或热门却各有趣味的生活杂货置于其中，与各楼层的主题巧妙呼应。生活中各种不同兴趣点在空间里穿插、交互，营造出生活与艺术的融合之感。

自给自足与持续运营是这类复合文化空间的难题，Spiral 大楼土地的管理费由母公司华歌尔负担，而企划预算等都需要自给自足。活动企划让文化性上升但盈利下降，餐厅、沙龙则反之，Spiral 也一直在试图平衡文化性和利益之间的配比。在大楼里，除了七层的美甲沙龙 amoem 是自营外，其余店铺全是分包给别的品牌。

03
企划的魔力：如何让艺术有人气？

室内设计师内藤广曾在回忆日本设计发展时提到，设计要发展，要获得社会性、进入生活文化，成为一种产业，就需要与各种各样的商业场所结合，举办"展览"、建立"奖项"、努力"宣传"。三种要素同时存

在时，设计才能为一般社会乃至产业带来活力。从这个角度说，Spiral 也是一个将三种要素结合的不错案例。

2000 年，Spiral 发表《艺术生活宣言》，提出将艺术运用到社会，以艺术家视角提出有社会价值的企划，具体分为四个主题：对应社会现状、丰富人们生活、促进国际交流、建立创作场地。

这四个主题仍在不断推进。2000 年，Spiral 启动 Rendezvous（法语，"集合地"之意）项目，联合艺术家、科学家、企业等不同领域，针对社会现状开展各样的项目。2009 年开始，尝试企划了不同形式的艺术展，例如邀请在画廊中挑选作品的"买手"作为出展者等，呈现他们推荐的作品，来场者可以与艺术有更多样的接触。2013 年，邀请设计工作室 Numen / For Use 在 Spiral 举行了首次亚洲展览，展示了由胶带制成的巨型装置"TAPE TOKYO"，开启了更紧密的国际交流。2016 年，与电影事业蓬勃发展的静冈县小山町合作，在小山町建立摄影棚小镇，除了提供场地，还发起一系列工作坊，扶持年轻的电影导演，也鼓励当地居民体验拍电影的乐趣。

Spiral 还是不断挖掘年轻艺术家的"孵化器"。1988 年开始，它断续开展艺术收藏市集 SPIRAL TAKE ART COLLECTION，售卖现代艺术家的作品。1991 年开始，Spiral 与印章公司舟桥（Shachihata）共同企划建立艺术奖金，募集基于 Spiral Garden 的空间创作的艺术作品，并为获奖者提供高达 60 万元人民币的奖金，但奖项进行 10 届后，受泡沫经济破裂影响而中止。此后，2000 年起，Spiral 自主开展每年一届的独立创作者艺术节 Spiral Independent

Creators Festival（简称 SICF），发掘、培育、扶持年轻创作者，让参展者进入大众视野。

第一届 SICF 邀请了机械音乐装置表演团体明和电机做特别演出，老牌实验媒体团体 Dumb Type 担任评委，而 Dumb Type 本身也是 Spiral 支持的年轻创作团体，他们的很多演出都是在 Spiral Hall 进行首演。

每年冬天，SICF 开始为期三个月的艺术家募集，并在次年以展会的形式为入选者提供展区。入选年轻艺术家在支付约 2500 元人民币后（使用电的情况需要多付600 元人民币），便可参加 SICF，有两天时间在 Spiral 大楼内展示自己的作品。

两天内在 Spiral Garden 和 Spiral Hall 内展示 50 组艺术家，每组有 2 平方米多的展位。虽然展期和场地有限，但 SICF 却吸引了越来越多年轻艺术家，2017 年开始，参展者数量从 100 组增加到 150 组，展会从为期四天扩展到六天。

SICF 的跨领域、参与度和奖项对申请者有很大的吸引力。

SICF 在建立之时便提出，在不同领域的创作者之间建立联系，申请者不限国籍、年龄、领域。每年入选者涵盖工艺、摄影、舞蹈、音乐、影像等各个领域，SICF 也越来越细分。2018 年，划分出"展览"和"演出"两个部门，新成立的"演出"部门专为表演艺术等形式提供演出场地，这一年，两个部门共计有 172 组艺术家在 SICF 展示自己的作品。

SICF 虽然需要入场门票，但仍吸引了超过 3000 人到场，除了艺术爱好者，还有很多

01

02

通过独立的艺术节 SICF 和在 Spiral 举办的特展，不少艺术家就此成名。

03

05

04

06

2018 年冬天，钟表公司西铁城 100 周年纪念展
建筑家田根刚设计装置 "LIGHT is TIME – We Celebrate Time"，
七万多个黄铜制腕表基盘从天顶垂下，金色光芒反射在整个会场。
（图 01/02）

2018 年春天，视觉设计公司 WOW 的 20 周年回顾展
复刻曾为资生堂而作的风力装置 "wind form_03"，整个装置只由
丝绸与风扇组成，丝绸在空中飘舞，观众沿着螺旋坡道慢慢欣赏不
同的形态与颜色的变化。（图 03）

2017 年秋天，日本 YKK "窗" 研究所 10 年成果展
擅长制造空间视错觉的艺术家 Leandro Erlich 完成装置 "Window
and Ladder"。（图 04/05）

2016 年冬天，日本轴承制造商精工株式会社 100 周年回顾展
擅长运用彩虹色的法籍艺术家兼建筑师艾玛纽尔·穆雷奥
（Emmanuelle Moureaux）设计了 6 米高的旋转花朵装置 "Color
Mixing"。两万多个彩色花卉图案被安装在垂直的轴上，轴的顶端的
风扇吹动花瓣转动。（图 06）

01

02

开放式设计品销售空间 MINA-TO（图 01）与杂货店 Spiral Market（图 02）。

收藏家、艺术品买手、画廊经营者前来寻找新鲜的艺术家，展会在短时间为他们创造出很多交流机会。

评审均由活跃在业界一线的知名艺术家或相关人士担任，包括美术馆策展人、电视编剧、杂志主编、影像艺术家、建筑师、设计师、艺术大学教授、美术评论家等，Sipral 的主策展人大田佳荣、森美术馆馆长南条史生、BEAMS 的空间管理人佐藤尊彦、建筑师平田晃久都担任过评审。在 2018 年的参展者采访中，很多人都提到，在两天的时间内认识了很多同年龄各领域的创作者，能够直接与大美术馆的策展人沟通，并在之后有了举办个展的机会，作品在网上的销售量也增多了。

所有获奖者将在"SICF 获奖者展"中出展，被授予大奖的艺术家会得到在 Spiral 开个展的机会和 3 万元人民币的制作补助，和他们有关的介绍也会刊登在 Spiral 的免费杂志《Spiral Paper》和网站上。2019 年，SICF 设置了 20 周年特别奖项，包括京都华歌尔文化研究中心特设奖项，得奖后有机会在京都开展个展，还有围绕着生活方式的奖项，获奖后作品可以在 Spiral Market 或 MINA-TO 展示售卖。

2018 年，影像设计师中村勇吾在东京六本木 21_21 DESIGN SIGHT 策划"声音建筑"展，便邀请了曾在2012年获得 SICF 奖的艺术家大西景太参与。

每年介绍 SICF 大奖获奖者的《Spiral Paper》是官方的免费季刊，杂志围绕着 Spiral 的运营领域介绍近期活动。这本杂志可以在网站上免费申请，也可以在 Spiral 大楼一楼的电梯旁免费领取。杂志

每期封面是当季最值得瞩目的活动与艺术家。除了 SICF 大奖获得者特集外，《Spiral Paper》也做过 Spiral 内举办展览的艺术家特集、MINA-TO 特集、厨师的冬季食谱特集。除了特集外，每本杂志还有三个连载，围绕"生活""艺术""音乐"，每一期都邀请不同的艺术家撰写。

2018 年冬季的第 147 期中，三个活动特集分别是声音艺术家池田亮司的个人音乐表演、以介绍年轻女性艺术家的系列展览企划"Ascending Art Annual"的第二次展览、与纽约 MARC STRAUS 画廊的合作展览。三个连载中，《美好生活笔记》邀请建筑师中村好文撰写，《手中的雕塑》邀请玻璃艺术家八木麻子谈她艺术创作中对颜色的运用。《Musica Callada》（寂静之声）邀请近期在 Spiral Record 发售专辑的阿根廷女歌手 Silvia Iriondo 讲述当地的民间音乐。

值得一提的是，2017 年开始的系列展览企划"Ascending Art Annual"（上升的艺术）的选择标准是"能体现 Spiral 的螺旋上升之感"，同时能传达华歌尔"与女性共感"的气质，参展者有工艺艺术家、摄影师、设计师等各领域的年轻女性创作者，是将 Spiral、华歌尔、空间展览、跨领域、提携年轻艺术家等关键词联结在一起的企划。

Spiral 的馆长小林裕幸说，在他的构想中，将以 2020 年东京奥运会为契机建立"青山文化街"，规划出类似从涩谷到新旧国立竞技场的路线那样有艺术氛围的街道。

Spiral 正是这样一个提供机会的地方，在这里，各样的空间与企划促成不断的交流，生活与艺术一点点擦出火光。Ⓜ

所有城市的馈赠，早已暗中标好了价码

by／李瑶　photo／李瑶

● ● **银座索尼公园到底算不算公园？**

银座索尼公园到底是不是真正意义上的"公园"？日本设计界的一些舆论认为，银座索尼公园消费色彩过于浓厚，对于社会多样性族群的包容性不够强，不配自称为"公园"。

据日本气象厅统计，2018 年的夏天是自 1946 年以来最热的一个夏天。尽管 8 月的东京依然背负着"灾害级猛暑"标记，银座索尼公园完工开放的消息似乎还是带来了一丝不一样的凉意。在银座地区最具有标志性的数寄屋桥交叉点，曾经的银座索尼大楼变成了通向地下的清水混凝土入口和延伸到空中的"珍奇植物园"。人们仿佛忘记了酷暑，兴奋地捧着从地下商店买来的刨冰，穿梭在形状各异的绿色植物之间。

与兴趣盎然的市民们不同，自诩为"局内人"的城市设计师们对这座"公园"有着相当苛刻的评价。一篇名为《如果我能擅自改造银座索尼公园》的文章与公园开幕的新闻一起变成了热门话题。文章作者对索尼公司大失所望，认为银座索尼公园"不过是成功实现了内容差别化的创意与单纯的消费结合而已"，不配被称为"公园"。作者认为"公园"应当是极度具有包容性的，"谁都可以使用"；提供能够引发无限创造性的空间，"比如一个高出地面的圆形舞台"；同时还要能够解决社会问题，"促进多种文化的相互融合"。推动整个世界走向大同的重担，就这样压在了交叉路口边的一块空地上。

空地隔壁的爱马仕大厦里，社会包容性不那么高的买卖继续从容地成交，而把自家空地贡献出来供路人小憩的索尼公司，则因为没有承担起社会责任而被批判。这篇文章的作者在城市空间创新观念上似乎落后一个世纪，将城市设计者对创造一个"全能的社会基础设施"的乌托邦式渴望强加在一处公共空间单体上，指控索尼公司假借"公园"之名行推动消费主义之实。

然而，在银座索尼公园所引发的类似或片面或陈旧的批判性观点当中，认为消费即罪恶、将消费活动与公共空间对立的看法是我最不能苟同的。在东京银座这个几乎是消费主义胜利的纪念碑的地方，索尼公司将暂未利用的私有土地开放，以创造"公园"来提升索尼自身品牌价值的同时，为公众提供了无论消费与否都可以加以利用的空间，这难道不是值得推崇的双赢局面吗？访客可以选择去地下的索尼纪念品商店购物、试用索尼的交互式影音应用程序、滑上

李璠

毕业于清华大学建筑学院，曾在东京从事城市开发和城市设计工作多年，参与主创了多个以公共交通枢纽或其他公共基础设施为主体的复合功能街区开发项目。现在在美国麻省理工学院房地产中心攻读硕士学位，研究方向为以房地产信托股价为基础的日本房地产收益评价指数。

一个小时的旱冰，或是单单买一杯珍珠奶茶消暑；也可以选择不进行任何消费，只是利用地下和地面的空间小憩，围观一下 TOKYO FM 的直播间，研究一下奇形怪状的热带植物；抑或完全不进行停留，只一眼决定买下广场里那棵最为奇特的南美仙人掌。索尼公司贡献出了空间，同时宣传产品，还提升了品牌的好感度。珍奇植物园、奶茶和刨冰小店经营者，得以利用"银座"这一传统高端消费空间的标签与他们的产品相结合时产生的"拼贴感"带来的人流增加营业收入。就连邻居爱马仕大厦的玻璃砖墙，也变成美丽植物最完美的拍照背景墙而增加了社交媒体的出镜率。好的公共空间所带来的价值，从来就不曾止步于空间本身。

什么样的公共空间才是"好"的？这与空间本身的结构、所在位置、社区文化等要素息息相关，人们对公共空间的需求也在不断改变，因此，这个问题从来就不曾、未来也不会有标准答案。但有一点可以肯定，一个能够为利用者提供多样化选择、带来快乐，为空间的提供者和运营者提供相应的物质或非物质回报的公共空间才具有可持续性。这样的可持续性正是"好"的公共空间的基石：可持续的运营模式为公共空间的提供者、运营者和利用者提供探索、试错和改进所需要的时间、空间以及物质成本，使得空间的营造能够不因其中任意一个要素的中断而无数次夭折在通往"好空间"的路上。少一些夭折，我们才能少看到一些摆放着生锈游具的荒凉游乐场，以及杂草丛生、散落着垃圾、无人问津的街角花园。

●● 谁在为好的公共空间"买单"？
大大小小、主题各异的优秀公共空间遍布纽约，波士顿更是为了重建城市肌理的连续性，硬是将高架桥地下化，创造了闻名遐迩的肯尼迪绿道。谁在为这些公共空间买单？

公共空间的可持续性是什么？纽约 Bryant Park 是城市设计师们津津乐道的例子，虽然多数时候，设计师们关心的只是它清晰简洁的空间结构和功能分配。在这里，人们得以从纽约中城咄咄逼人的水泥森林逃离，转身融入到热闹的露天咖啡座、周末的农贸市场、以及美丽的圣诞树下充满嬉笑声的溜冰场中。大约没有人会注意到游客们头顶上巨大的遮阳伞和售货亭上"Bank of America"（美国银行）的字样。

纽约
Bryant Park。

比起银座索尼公园，Bryant Park 作为土地权属纽约市政府的真正意义上的公共空间，支撑其运营的却是私有非营利性组织 Bryant Park Corporation，该组织的背后是与它结成了伙伴关系的 Google、美国银行、西南航空、华尔街日报等鼎鼎大名的私有企业。这些大企业的支持并非慈善赞助，而是在出资支持公园日常运营的同时，通过冠名等方式充分利用公园每年 600 万人次的流量，提升自身的品牌和产品的知名度。

与公园结成伙伴关系的企业中，也不乏办公区就位于公园周边的公司。在他们看来，与自家办公区紧密相连的公共空间在有力的运营下，安全、清洁、充满活力，员工有了更多、更好的休息场所和享用午餐的去处，这在无形当中也提升了员工的生产力，为企业间接创造了更多价值。

上述这些正面因素综合起来，便自然而然地反映在了公园周边的房地产价值当中。纽约市政府、公园利用者以及企业都得到了超出预期的回报，也就更愿意投入更多的财力和精力，让 Bryant Park 变得一年比一年更加精彩。

除了与大企业、土地所有者合作共同运营以外，还有相当一部分城市的公共空间受益于个人或家族基金会的捐赠支持。将波士顿高架桥地下化形成的线性城市公园 The Big Dig，正式名称是罗斯·肯尼迪绿道——可见，这个公共空间受到肯尼迪家族的支持。

不仅如此，漫步在绿道上，你会发现每一个座椅上都刻有不同的名字，足以证明这座公园真的靠"民众的一砖一瓦"建造出来的。捐赠人除了得到与捐赠数目相对应的税收优惠，通过捐赠实物，也实现了对家人的纪念。

至于波士顿市政府，通过这个史无前例的高架地下化、将地面保留为公园的决定，城市肌理被重新缝合，从而激发、释放出滨水开发区域的房地产价值，不仅如此，公园周边土地和房地产价值也相继提升，整个街区将会获得更为长期、潜力更为巨大的回报。

好的公共空间不应是消费文化的集大成，但也不会成为单方面"我为人人"的乌托邦。

01   Photo | Ed Uthman, MD

02

03

在《如果我能擅自改造银座索尼公园》一文的结尾，原本一味指责私营大企业带来的消费主义的作者突然话锋一转，充满期待地说道，"如果这块土地的所有者不是索尼公司而是苹果公司，我想结果会大不一样"。我猜这位作者大概并没有去过纽约第五大道的苹果旗舰店，也并不了解两者在相似的空间结构下塑造了迥然不同的公共空间。银座索尼公园正是通过被文章作者嗤之以鼻的"成功实现了内容差别化的创意与单纯的消费结合"，创造出了比第五大道苹果店所在的广场更具有包容性和趣味性的公共空间。索尼公司，以及索尼银座公园背后的每一个参与主体所投入的努力都值得赞誉，并应当得到回报。

无论在纽约还是东京，优秀的公共空间各不相同，但它们至少有一个不应忽视的共同点：如果参与者在创造或运营这些公共空间的同时，也实现了自己追求的社会价值或经济价值，进而与这个公共空间成为命运共同体，谁会不乐意为它付出更多，让它变得更好呢？即便背负着"公共"二字，公共空间的创造对于任何参与主体来说都不应当是只有付出不求回报的单行道。请允许我借用茨威格的一句话，希望你在享受或者期待好的公共空间的时候能够知道：所有城市的馈赠，早已暗中标好了价码。Ⓜ

· market ·

PART 6

·

菜市场，想象之外

阴暗、逼仄、脏乱，这可能是我们对传统菜市场的印象。
菜市场可以有怎样的改造可能性？
这里有好几个新尝试，它们是你理想中的社区市场吗？

Photo | Ossip van Duivenbode

把菜市场和住宅放在一起？

by / 李梦郁

在鹿特丹，住宅和菜市场天然没有距离。
这一理念的集大成者"市集住宅"，
在进一步改善体验的同时，
也面临一些新问题。

在一周的大部分时间里，历史街区 Binnenrotte 都是鹿特丹市中心一个空旷的地方，即使这个广场连接着城市里最为出名的几个景点——方块屋、鹿特丹图书馆和市集住宅（De Markthal）。一旦到了周二和周六，露天集市的出现总是让整个 Binnenrotte 街区呈现出一种与众不同的状态——生鲜蔬果贩卖摊一排排沿着广场铺开，环境里充斥着嘈杂的叫卖声，提着购物袋的人流在街道空间里涌动。这个时候，从奶酪面包到布匹纽扣，你可以买到任何生活用品。

在鹿特丹，房地产参与城市食品系统早已不是新鲜事。1913 年，为了解决受农业危机影响而大量涌入城市的农民工的公共住房问题，城市开发商为农村新移民建造了可以种植蔬菜的花园住房。此后，房地产参与城市食物系统逐渐成为城市发展的一种催化剂，有时甚至作为开发一片区域的核心力量。正是这种地产开发趋势滋养了鹿特丹，让其成为"菜市场"住宅综合体的试验田。可以说，从这个时候起，在荷兰，住宅与菜市场之间就没有距离。

而荷兰建筑事务所 MVRDV 与地产公司 Provast 则更进一步，它们在 2014 年建成了一座位于鹿特丹的市集住宅，索性把住宅和菜市场放在一个室内空间里。与热闹粗糙的露天集市相比，同为菜市场的市集住宅呈现出另一种生活面向，干净整洁的室内街道、彬彬有礼的服务员以及能遮风挡雨的精美拱顶。

市集住宅项目最初始于一项公共市政倡议。市政府希望项目能增加市中心的人口密度，带动周围服务业的发展。这背后的历史原因可以追溯到二战时期。当年，鹿特丹遭受了地毯式轰炸，市中心几乎被夷为平地。战后，鹿特丹开始重建。在 1941 年至 1946 年《城市重建总体规划》里，整个城市以中世纪劳伦斯教堂为中心，确立了在劳伦斯教堂以西建造一个新的商业中心，填充运河以修建新的铁路轨道，东部发展住宅区的"功能区式"规划方案。从 20 世纪 90 年代开始，鹿特丹逐渐进入城市重塑阶段，从生产和港口型城市向消费城市转型。带着重塑历史街区的雄心，市政当局意识到铁路的修建会让鹿特丹更显割裂而非完整，决定改变这种规划。每周两次的露天集市出现了。在规划定位中，它应该成为鹿特丹居民的一个城市大厅。

最终呈现出的市集住宅呈马蹄状，简洁的形体通过搭配高达 40 米的透明玻璃幕墙，削弱了建筑巨大的体量感。整个住宅有 228 间住宅单元，而拱的下方是荷兰第一座室内菜市场。阳光下，整座建筑显得通透。拱顶之下，整个菜市场空间被全荷兰最大的艺术作品所笼罩。这幅作品名叫"丰饶之角"，描绘各类蔬果从天而降的景象。市集住宅的设计者、建筑师 Winy Maas 曾在一次采访中提到，室内的空间体验，是受

Photo | Daria Scagliola / Stijn Brakkee

195

Photo | Daria Scagliola / Stijn Brakkee

Photo | Daria Scagliola / Stijn Brakkee

Photo | Ossip van Duivenbode

到荷兰 Panorama Mesdag 这幅艺术品的启发, 都是创造一种沉浸式的体验。

虽然"沉浸式体验"一词对大众而言已不再陌生, 可作为 2004 年的设计概念, 这个想法的确先锋。因此也不难理解为何这座建筑能够超越食物消费空间的传统样式, 营造出不同的"市井气息"。在这个作品之前, MVRDV 的代表作是阿姆斯特丹的香奈儿水晶屋旗舰店, 还有天津滨海图书馆。

菜市场空间由多个错落有致的立方体构成, 在提供了 90 多个生鲜摊位和商铺的同时, 这些立方体也创造出了与南欧菜市场类似的街巷空间。立方体的屋顶并不雷同, 有的是玻璃, 有的为露台, 还有的则用于城市农业——种植植物或蔬菜。为了让零售概念落地, 开发商刻意将不同的新鲜食品摊位安置在中间, 餐厅和商店放在两侧。不难看出, 多样化的空间元素和明确的业态分区提供了一个在同一屋檐下进行所有食物购物的可能性。

市集住宅里也不单卖菜。你能找到有关美食的一切: 新鲜蔬果、肉类、佐料、加工副食品、餐饮、厨具……市集住宅的开发者在大量研究后, 将市集住宅的零售概念定位为提供"食品、零售和美食服务"的复合型公共场所, 并在有限的空间内联合多个子空间提供了一条新鲜食物生产、加工、分配、食用的小型食物系统供应链。这种将"市集"和"餐饮空间"结合的零售理念模糊了"餐饮消费和购买食物之间的界限",也影响了市集住宅商业业态的空间布置。

整个建筑的另一个课题是,如何把中心的菜市场变成一个以食物为中心的公共场所。做到这一点的办法是将商业业态与公共空间有机混合,而不是简单拼凑。在这个有屋顶的大厅里,人们不仅可以品尝食物,还能了解当下食品的趋势和发展。此外,菜市场提供了食物供应商和城市消费者交流的场所,摊贩们总能及时收到游客的反馈,以便在未来提供更好的服务。

这个市集被设计成室内空间的一大原因,是在20世纪90年代末,欧盟计划采用更严格的露天市场食品销售法规。于是鹿特丹市提出将位于市中心的露天集市移至一个有屋顶的大厅里,以便为鱼肉类和其他食物的销售提供更好的卫生条件。戏剧性的是,欧盟对露天集市的限制政策最后并未获得批准。即便如此,这座"多余的"建筑仍凭借强大的"业务能力"给鹿特丹带去了经济效益。

据不完全统计,2014年开业只用了三周就已经吸引了百万人流的参观和体验。2016年,Markthal 吸引了800万游客。但同时市场大厅面临越来越多的空缺和形象问题。根据对市场摊位经营者的公开访谈资料,最大的经营问题并不是每平方米的租金,而是每周七天保持开放的义务——从上午10点到晚上8点(周五至21点,周六、周日至18点)。在人力成本极高的荷兰,许多摊贩都因没有足够的营业额来支付这些费用而不得不关闭。

市集的一个常见问题是,当市集散去,整个城市空间就像死去一般。再加上高昂的租金和人力成本,单纯的菜市场已经无法覆盖摊贩的成本,它们需要更稳定的客源。

虽然该综合体最初被提议为鹿特丹市中心的露天市场的升级版,成为一个有当地居民认同感的菜市场。然而,随着项目的运营,它逐渐发展成为一个带有"混合"功能的建筑地标,推行初期的零售概念和属于鹿特丹人的城市大厅的概念变得不易。

首先,市集住宅作为一个商业项目,首先考虑的是业主和开发者的利益。市集住宅背后遵循着严格的组织方式:私人住宅归私人住宅团体所有;租赁住宅、停车场、零售店和市场区域各归一个业主所有。而负责零售店和市场区域的业主几经易主,从最初的开发商 Provast 到荷兰地产开发商 Corio,最后又卖给了法国一家商业地产开发商 Klépierre。初期的零售概念辗转多次,逐渐失去了最初的模样。

其次,摊贩的运营成本导致鲜花、新鲜食物与肉类的价格高于外面的露天集市。建筑的"网红"属性虽然吸引了大量游客,但人们主要在这里吃和尝,而非购物。市集住宅的消费群体由市民转变成游客,或是住得更远的居民。现在,市集住宅更多被视为一个美食体验目的地。住在这里的人有时也会选择市集外更便宜的店铺。

不过,正如 Winy Maas 所说的那样,当这个市场大厅已经成为市民周末来闲逛的场所,至少它作为一个城市公共大厅的意义就已经达到了。要想同时兼顾本地人社区和观光地的属性,同时保证每个从业者能赚到钱,居民的体验令人满意,显然还是一个过高的要求。市集住宅提供了一个有参考价值的尝试范本。 Ⓜ

老市场如何跟上
城市发展的步伐？

by/励蔚轩

在巴塞罗那，
市场曾是教堂般的存在，
它是本地人公共生活的中心。
但它也受到新业态的冲击，
并为生存做出改变。
如今的市场，
还是巴塞罗那的核心公共空间吗？

作为在 TripAdvisor 上被最多人提名"值得一去"的菜市场，位于兰布拉大道的博盖里亚市场（la Boqueria）只是巴塞罗那这座地中海城市的打开方式之一。在市立巴塞罗那市场研究所（Municipal Institute of Barcelona Markets，简称 IMMB）的花名册上，藏着 39 个食品市场和 4 个非食品市场——在巴塞罗那，十分钟步行半径之内必有一个市场。

很少有其他城市像巴塞罗那一样，至今仍经营着数目如此庞大的市场，并将其奉为至宝。这既是它的文化遗产，也仍然是城市生活的必要场所。

2015 年，"公共空间项目"（Project for Public Spaces，简称 PPS）在巴塞罗那举办第九届国际公共市场会议。

01

Photo | ACMB / Marta Rubio

CASE 2 巴塞罗那市场群

01/博盖里亚市场。
02/圣卡特利纳市场。
03/波恩市场。

周边街区的工人家庭。而在西班牙内战结束后的一个时期内，圣卡特利纳市场甚至成了巴塞罗那近郊小镇的食品供应商。食物短缺时期，周边城镇的居民都会搭电车到这里采购。

以至于今天，IMMB 的市场综合调查（Municipal Omnibus Survey）显示，仍有半数以上当地人将商品"质量好、新鲜、种类丰富"列为市场最吸引他们的优势。

PPS 的联合创始人史蒂夫·戴维斯（Steve Davies）表示，在 19 世纪后期制定城市规划时，巴塞罗那人就将市场看得跟水电力设施一样重要。

或者更早一点——1859 年，城市规划师塞尔达（Ildefons Cerdà）在竞标巴塞罗那扩展区（Eixample）建设方案时，就在那些四平八稳的"格子街区"中植入了公共空间的观念。相比于传统的"中心辐射型"城市，这种设计在空间上更平等。

让普通民众能够就近买到新鲜食物，是巴塞罗那市场建设的出发点。这里的第一座带顶市场圣卡特利纳市场（Mercat de Santa Caterina）建立之初，主顾们都是

到了 19 世纪末 20 世纪初，建筑师们开始将注意力更多放在市场的外观设计上。由洛韦拉设计的波恩市场（Mercat del Born）于 1878 年落成，标志着加泰罗尼亚地区现代主义建筑的开端。这个"温室"模样的建筑，是巴塞罗那第一次尝试钢铁和玻璃来建造一座建筑，它的规模堪比一座大教堂。类似的市场不断增加，不仅是规模，它们的地位也有些类似教堂，往往是街区最具代表性的建筑和市民生活的中心。

摊主提供高质量的产品和服务，而顾客成了忠实的回头客。久而久之，他们之间形成了一种密切的"共生"关系：当地人骄傲地谈论着"他们的市场""他们的鱼摊"和"他家的水果"，这反过来激励摊主们把生意越

做越好。

这一时期，巴塞罗那先后承办了 1888 年
和 1929 年的万国博览会。它们持续推行
一个名叫"美化城市"的政策，市场成了
公共艺术的一部分。"在巴塞罗那，建筑被
倾注了极大的热情。它是一种造福社会的
途径。"巴塞罗那市议会前首席建筑师比森
特·瓜里亚尔特（Vicente Guallart）在接
受当地杂志《对角线》（Diagonal）采访时
说，"巴塞罗那的建筑总是能对社会和经济
的变化做出迅速的反应，建筑师们十分愿
意作为一股力量参与到城市转型的进程之
中——无论是造价 0 欧元或者 5 亿欧元的
项目。"

圣安东尼市场。

这是巴塞罗那市场的黄金年代。它们构成
了当地人的生活方式，也是区域零售贸易
发展的引擎。同时，它们解决了所在街区一
部分人的就业问题。

良好的运营状况一直延续到 20 世纪 80 年
代，许多市场开始衰落。建筑年久失修是
原因之一，更要命的是，势单力薄的小货摊
主们被崛起的超市压制了。随着消遣方式
越来越多，市场不再是那么重要的社交空
间，而超市正好可以帮人们节省时间，以
便腾出空来玩些别的。更不要说超市的价
格优势了。

没办法，老市场们试图跟上现代生活的节
奏。1991 年，IMMB 以自治机构的形态诞
生，负责直接运营和管理巴塞罗那市立市
场。其理事会由商贩、政党和政府的代表
组成。

要提高核心竞争力，意味着老市场要变成
一个"综合体"：不但要有新鲜食品，还要

提供其他产品；不但要有现代化设施，还
要有大众喜欢的休闲设施和服务。这股"现
代化"的决心落到实处，意味着巴塞罗那
要从 20 世纪 90 年代开始，着手改建 25
座食品市场和 1 座非食品市场——占到其
市场总数的六成。

IMMB 为这场颇为浩大的改建工程制定了
5 条纲领性标准：

❶ 重现市场的建筑品味和艺术元素。

❷ 重新定义业务组合。

❸ 市场物流系统建到地下。

❹ 建设垃圾分类回收系统，做出环保承诺。

❺ 加大宣传力度（包括建立社交账号）。

老市场的影响力还是够大。即使经济不景气，
但公共资本依然源源不断地注入市场的改建
项目。如今成为旅游名胜的博盖里亚市场背
后，是四年（1998 年至 2001 年）1000 万
欧元的投入。"这是一场战争。"时任 IMMB
主席雷蒙德·巴拉斯（Raimond Blasi）在
2014 年接受《纽约时报》采访时感叹。

改建后市场的确更能在第一眼吸引人了。崭新的圣卡特利纳市场取代了 19 世纪的老市场，波浪形的顶棚上镶满了鲜艳的马赛克。设计者说，那是新鲜水果和蔬菜的颜色。这显然是针对观光客和宣传用途的改建，如果不专门上到周边的楼房，是看不到这个"卡通"屋顶的全貌的。

除了建筑外形的改造，市场内部的现代化转型是重头戏。走进四四方方的博盖里亚市场，穿过各种可以"随手拍出网红照片"的果蔬摊，正中间一圈货摊上摆放的，尽是生猛海鲜。有人形容这里是"亚马逊的货架"。红润的金枪鱼、一只手握不住的大龙虾、四仰八叉的螃蟹和成桶的贻贝，这种陈列似乎是在努力让你闻到兰布拉大道尽头地中海的海腥味。

更吸引眼球（和鼻子）的市场陈列，得益于博盖里亚市场在改建项目中新造的"地下层"。满载而归的货车直接开到地下，那里有带冷藏功能的仓库可以囤货——鲜鱼

和加工好的成品可以分开放。垃圾回收也在地下完成。市场的进化不但方便了商贩，还让街坊们很开心，因为周边道路的噪音和拥堵也有所缓解。可持续发展方面的努力还包括：用纸袋取代塑料袋，号召餐厅削减采购的份量和购买当季、当地的产品以减少食物浪费（这是一个从四万吨到"零浪费"的宏大计划）等。

除开传统的菜市，巴塞罗那市场的功能越来越杂。从水果到果汁、从海鲜到刺身、从原材料到熟食的距离几乎为零。那些就开在博盖里亚市场里的熟食小店，让你可以顺路品尝到最具巴塞罗那特色的 Tapas——品质和餐馆里的一样好。事实上，很多城里的顶级餐厅都是在这里采购食材的。而为了跟超市共存，巴塞罗那的市场希望自己扮演的是超市的互补角色而非竞争者（超市也是这么想的）。于是，部分市场里甚至开起了超市，为的是让那些在货摊上选购晚餐食材的顾客们，顺便也能从超市抓一盒牛奶回家（六成顾客的确会这么做）。

2013 年新落成的非食品市场 Encants Vells - La Fira de Bellcaire 更是改写了巴塞罗那的天际线。为乔迁方便起见，新市场离老市场不远，刚好落在对角线大道、子午线和格兰大道这三条城市主干道路的交汇处。数十个三角形镜面装置高高耸立，构成了市场的顶棚，地面的空间却是完全开放的。

这个巴塞罗那最主要的跳蚤市场继承了老市场的露天氛围，它好像在说，"快过来看啊，这儿什么都卖"。比如在家具片区，你很可能以合理的价格淘到床垫、门、吊灯——甚至一整个厨房。

跳蚤市场 Encants Vells - La Fira de Bellcaire。

Photo | Instagram @ la_boqueria

博盖里亚市场把 Instagram 作为重要的宣传手段。

跟市场空间一起发生变化的，还有它的营业时间。传统上，市场只在工作日早上开放，但熟悉巴塞罗那作息的人大概会会心一笑：这里约等于没有早上。改建方案则要求市场经营者延长他们的营业时间：通常一天开 8 ~ 12 个小时，周末单休（只在周末开放的市场除外）。位于扩展区的 Mercat de La Concepció 还开起了儿童手工坊，这样他们的父母就有充裕的时间去买菜了。

把实体空间的能量最大化后，巴塞罗那的市场又将目光投向了互联网平台。IMMB 也好、任何一家市场的运营者也好，都没有错过在 Twitter 或是 Instagram 上宣传自己的机会。那些未加矫饰的图片透露着溢出屏幕的好吃，也让人有欲望去找一找容易错过的小众食铺。

当然不只食物，大市场的官方号还会热情地宣传货摊主人们—— Mas Gourmets 的店员换上圣诞色的新制服了，Ramblero 餐厅的小哥哥在帮客人推荐菜品——互联网以另一种方式承载市场的初心：建立人与人之间的沟通。

网络流量的增长必然带来大量观光者。在这种正循环中，知名度最高的博盖里亚市场似乎一点也不排斥主动向游客转型。

同等质量的货品，这里的售价就要比西边街区的圣安东尼市场（Mercat de Sant Antoni）高不少。"高价"看似是把人拒之门外的劣势，在游客居多的市场却未必如此。"来都来了，花点钱也无妨。"这是游客们的普遍心态。但如果你想在这尝试一下海鲜大餐，可得做好心理准备——价值 300 元人民币一份的海鲜沙拉里，也许只

有两只虾、两块鱼肉刺身、一小只乌贼和几个青口贝。

经过二十多年的改建，巴塞罗那的市场获得了更强的盈利能力，也受到了更多关注。它们的自救行动改善了现状，但也很难彻底扭转局面。据 IMMB 统计，2018 年，"每周去市场一次以上"的本地人数，相比前两年减少了五个百分点。

对于本地市民，市场多少变得不真实。货摊主人们正在老去。"我们自然愿意看到那些贩卖柠檬和大蒜的小商贩留下来。"雷蒙德·巴拉斯说，"但他们有的已经 65 岁了，也想退休干点别的了。"市场里的卖家逐渐变少，同时，更有野心的商贩开始扩张他们的摊位。

然而也有人选择了留下。卡尔斯·索勒（Carles Solé）是 Carnisseries Solé 肉摊的第四代传人。2018 年，IMMB "商业奖"（Commerce Award）的"最佳个体经营者奖"颁给了他的肉摊。

这个老头在领奖的时候说："时代不断在变。竞争越来越激烈，科技也越来越进步了。我们要清楚自己在'食物链'的位置。新技术很重要，但更重要的是我们对每一位顾客的服务态度。不要忘了，在巴塞罗那，每一座市场都凝聚了一整个街区。"

市场的内在终究没有变。当有人扛着一整只伊比利亚火腿从你面前经过时，鼻子底下的香味会让你想起这里的食材是多么新鲜。而当你站在摊位边举棋不定时，系着红色围裙的老爷爷会笑眯眯地提出他的建议。你会感到，"这座地中海城市还蛮温暖的嘛"。Ⓜ

从传统市场到
文化空间

by／肖涵予 杨舒涵 **photo**／忠泰建筑文化艺术基金会

如何让老市场更年轻化？
是卖菜还是卖文化？

作为 20 世纪 30 年代台北最早发展的地带之一，台北市万华区三水街的新富市场曾集结众多摊贩，经营着柴米油盐的生意。如今，这里从买卖生熟食，服装杂货的场所，变成了时常举办展览课程、搭配餐饮小店的文化空间——新富町文化市场（ U-market ）。

穿越这条百余米巷子里油饭熟食的香气与昏暗，路尽头的楼间缝隙泻下天光，晴日里马蹄形建筑的白色墙体明亮。白色的低矮栅栏和玻璃门隔开了依旧熙攘的菜市场和崭新的文化市场。一边是人间烟火讨价还价，一边是窗明几净讲课喝茶，显出奇异的割裂感。看起来和周遭气质迥异的 U 形建筑——新富町文化市场 U-market，这个半世纪前台北万华区热闹鼎盛的新富市场主建筑，以一个"文化空间"的新身份重回公众视野。

从传统市场到文化空间，建筑上的沿用和改造，是新富町文化市场吸引游客的特征之一。和名字一样，日据时期即定下基础的"U"形平面，为消费购物提供了简明的动线指引，中部的天井则用于满足采光和通风的需求，符合当时的卫生要求，这样的建筑形式在台湾的公共空间中并不多见。

从台北市场处接过新富市场主体建筑九年运营权，负责开发再造的忠泰建筑文化艺术基金会，在这一建筑外观的基础上，有过不止一次的改造尝试。

起初，他们找到来自日本的设计师长谷川豪，拿到了一份以帆布棚膜结构为主、在原有基础上增建顶层的方案。但考虑到极端天气的可能性，基金会团队调整了改造构想：不再衍生出复杂的额外空间，而是单纯设计改造旧市场的室内部分。启用旅德设计师林友寒及清水建筑工坊参与建造。

经林友寒设计，人们现在看到的新富町文化市场室内，挑高的空间内被分出两层，以轻木质结构为主，并用半透明的墙体区分开放区域和办公场所，使得同一座"U"形建筑里，共享办公空间、活动课堂、演讲室、展览馆、会议室及餐饮店等不同功能区域可以互不干扰、各司

2017 年忠泰进驻后——新富町文化市场建筑物外观。
2009 年照片，即市场整修前原貌。 Photo｜台北市市场处

新富町文化市场展览与活动一览

2015.05.05-2015.06.14
新富八十好岁食——老市场的记忆与新生 系列展演

2017.03.25
"开市·好事·揪哩来（方言：请您一起来）"系列展演
活动内容：
● 《来! 逛菜市（方言：逛菜市场）》开幕特展 /
创意菜市场工作坊 / 一日场长活动
● 空间再生及在地青创圆桌座谈 / 开幕音乐会 × 市场小吃上菜
● 风土学堂 | 台北老城外的风景 / 阿嬷市场学：
阿猜嬷 × 家常红烧肉等

2017.03.31
[新富特别讲座] 魔毯行动
@北京、香港、台北：都市再生中的社区共利计划

2017.06.10-2017.07.30
[2017新富町文化市场征件获选展览]
如画之诗 Utpictura poesis

2017.10.21-2018.02.25
"十年·我们的城市想象与冒险"展览

2017.11-2017.12
[手路学]菜市场的现地手作：面粉袋的故事

2018.1
[城市学]听文化讲古：全系列三讲课程

2018.01. 18-2018.03.18
新富町——庖廪之所
Xintomicho: A Spot of Culinary Creations 展览

2018.04.14-2018.06.03
[2018新富町文化市场征件获选展览]
织锦城市 | 现今城市形态展——以万华区为例

Photo | 汪德范

2018.4
[手路学]菜市场的现地手作：大航海的传说

2018.07.28
[新富町文化市场 × 诚品敦南夜讲堂]
市场岁月 ——时间与城市的寓言

2018.08.28-2018.09.23
[表 × 里城市——老市场的夏日电影院]

2018.11.25-2018.12.09
[新富友展]声生不息——万华声音印象

2018.12
[新富特别讲座] 给大众的入门课

2018.12
[良食学]翻转野草味

Photo | 汪德范   02

01 / 忠泰建筑文化艺术基金会进驻后所做的改造，沿市场天井形成的回廊与餐桌学堂。
02 / 2017 年新富市场重新开幕时的鸟瞰图。

其职。外部增建的半圆柱状小楼，使得新富町文化市场整体看起来更像一个椭圆形。

这一形态的落成出于设计师和运营团队的共同考量。"我们当时有一个原则，就是希望文化市场里面的空间材质跟它的构造模式都是可恢复的，"忠泰建筑文化艺术基金会创意学院处主任洪宜玲说，"如果未来这里的空间需要再做一些改造，这些东西都可以被拆装，而且不会影响到整个结构。这是我们当时给设计师的一个考验，希望保有旧市场古迹的价值。"

"古迹"这一身份与新富市场的历史有关。20 世纪 30 年代，它因日式市场搬迁而建立，随着二战后人口流入而兴盛，最后又因周边流动摊贩的价廉方便而没落停滞。经济逐步发展，人们越来越青睐宽敞明亮、货物整齐的百货超市，传统的新富市场越发不适应当代人的生活习惯，而逐渐被遗忘，摊商也陆续退休或从市场内撤出。2006 年，新富市场被指定为"市定古迹"。加上这一层身份，改造团队需要考虑的问题多了起来。

2013 年，台北市场处对包括新富市场在内的各个市场整理修复，在解决了漏水失修等基本房屋问题后，向外释出运营权。忠泰建筑文化艺术基金会于 2014 年在招标中竞得九年营运权，承租这一建筑区域，开始尝试活化旧的公共空间，并对周边区域产生正面的影响。

新富町文化市场项目也是忠泰建筑文化艺术基金会"都市果核计划"的一部分。比起此前基金会在台北中山创意基地 URS21 及城中艺术街区为期仅有两三年的改造项目，文化市场长达九年的运营时长是吸引

207

团队着手尝试的一大理由，它让改造团队有充分的时间蹲点观察，从而寻找合适的方案，也有利于各项活动的影响发酵。但同时，改造带有古迹性质的空间，也意味着审慎程度的提高，各项方案都要由台北市文化局文资审议委员会讨论裁定，确认通过后才能施行。

要使新富市场的价值得以开发延续，克制的建筑再造只是其中一个方面，在此之外，公共空间的运营始终离不开对当地生活习惯的考量。

紧接着新富町文化市场，邻居东三水市场与原新富市场室外部分仍保留着原有的传统市场功能，聚集着大大小小的一百多家在营摊贩。20世纪70年代以来，也正是东三水街流动摊贩的渐趋合法化，让新富市场失去原有优势和立足之地。

因此，在了解新富町文化市场的定位之前，生活在周边的摊贩市民也有过担心和困惑，"这个基金会是干吗的？""是不是也要来做生意、抢饭碗？"

而对于身为运营方的忠泰基金会来说，文化市场却并非又一个翻新的交易场所，反而更像是一个用于承载文化教育功能的场馆。"实际上它是一个产品、生活跟地方知识相互传递的空间，所以我们当时在定位上就会跟外面的传统市场有一个区隔。"洪宜玲说。

即使有着功能定位的区隔，基金会仍采取了一些方式，试图拉近与周边的关系，吸引更多人了解传统市场的发展变化过程。团队借由对附近东三水街及西部市场的田野调查，也向周边摊商主动介绍改造意图，

在搜集关于社区演变第一手资料的同时，也增进了彼此的理解。

这些交流所得的素材，很多被用在了2015年6月正式改造前举办的系列展演"新富八十好岁食——老市场的记忆与新生"中。展览与当时台湾艺术大学陈永贤师生的艺术计划合作，以"手路菜"为主题，找寻当地的摊商，请他们在现场做最擅长的一道菜，在料理的同时，摊商会谈到自己过往在此生活经营的状态，并由陈永贤的录像团队拍摄，变成展览的影像艺术创作。

摊商们的配合程度不尽一致，但这些带有回顾和预告性质的暖身活动，至少让居民和摊商逐步了解新富町文化市场的未来规划。在对老市场变化发展的回顾展示中，他们并非置身事外，而是讲述者与分享者，这份参与感很大程度上消弭了居民摊商与运营团队之间的陌生感。

2017年，新富町文化市场正式开幕。来自忠泰基金会的运营团队在文化市场中开设不同的活动，包括了展览、共享办公室、特色课程等。之所以会有这些形式，主要是参照了"都市果核计划"前几期的经验。

具体来说，新富町文化市场设立的展览包括长期固定的新富市场历史展，以及不定期举行的其他展览，主题大多与建筑设计、民俗文化有关。共享办公区域称为"小间办公室"，招募的是同样喜爱关注万华当地和社区变迁议题的机构团体，他们可以在文化市场内办公，并与基金会合作新的创意项目。

此外，置身摊贩聚集的东三水市场附近，新富町文化市场也从中借力，对传统市场这

Photo | 汪德范

新富町文化市场
与传统市场的交
界处。

一"智库"进行发掘，划分出"良食""手路""风土""城市"四大类课程，每次课程分为两至三期，被称为"新富共学"。文化市场在社交媒体上发布活动信息，感兴趣的公众报名进场。通过邀请分享摊商和相关职人的技艺与见识经验、组织市场探秘，公众动手参与制作等活动，吸引人们参与感知传统市场所隐藏的生活智慧。

一开始，团队对活动的受众群没有预设，只是出于安全考量和内容设置特点，对部分亲子工作坊增加年龄设置，但经过观察，他们发现这一社区的老龄化现象也相对明显。作为公共空间，新富町文化市场欢迎当地居民前来参观体验，也常有人在附近市场买完东西后就进来转一转坐一坐。但比起探讨所谓的文化议题，居民们更乐意以当事人的角度自然地为游客们提供指引或是分享经历，而较少去对文化、建筑、设计相关的活动展示热情。

因此，展览和讲座吸引到的通常是年轻游客，他们中的一些人和传统市场的关系已经疏离。还有的人对传统市场有一些兴趣，但多少有些害怕，原因在于不知道如何跟摊商打交道，或是不知道如何从没有统一包装的果蔬食材中做出最佳选择，当然，在他们过去的采购经历中也很少了解到产地风物等相关信息。而运营团队认为，这些从传统市场中习得的经验，可以给参与者生活的其他方面也带来益处，是帮助人们意识到传统市场价值、思考传统市场变化的一个入口。

事实上，对菜市场的刻板印象，都让传统市场的附加价值很少出现在必要的观察范围内。如此一来，比起以大众的关注点和需求为基础，新富町文化市场实际上更倾向于主动规划与引导，先通过新鲜有趣的年轻化文艺化视角打出概念和企划，培育人们对这一改造项目的兴趣，再以此慢慢积累文化创意开发的经验。

但由于课室空间与器具数目的限制——室外最大空间为 55 平方米的广场，室内占地面积最大的新富半楼仔最多只能摆放 50

2018 年展览——庖廪之所

新富共学系列课程——面粉实作

张折叠椅，讲座活动报名上限 40 人，共煮工作坊上限 15 人；不算高的课程频率，以及没有强烈盈利目标的基金会本身，都导致了活动能够影响的受众有限。迄今，部分游客前往这个台北老市场仍旧只是为了在清水混凝土的现代感白灰背景色中自拍打卡，或是坐下喝一杯咖啡，短时间的浏览似乎并不够把基金会团队想要传递的价值和信息全部带走。

截至 2019 年，场地租借和自主商品包括出版物的销售仍是新富町文化市场的主要收入来源。基金会依旧把大部分精力放在项目企划和日常运营上：根据游客的反馈做调整，逐步在市场外设立指示标志，帮助游客更好地找到位于市场深处的文化市场，并且设立了语音导览系统，现在只要用手机扫描二维码就可以获得关于新富市场历史的语音信息。此外，文化市场还计划往后逐步开发新的商品，达到更多产出，增加资金自筹的比率，也准备和更多的外部，尤其是国际机构达成合作。

在社交网络 Facebook 上，也有游客抱怨文化市场的公共管理规则太过严苛或开放参观的区域太少。"我们当时并没有完全把文化市场规划为一个向民众开放的场所，我们希望会有一些像是小间工作室的伙伴单位进驻，可以跟他们产生合作关系，他们也可以在这里举办一些活动。"洪宜玲解释说。其实，很多类似形式的"创意园"也面临着同样的困扰——复合多重功能的文化市场要如何平衡自身各个角色，为来访者带来更好的体验，并维持长期自身运营。

身为容纳多种活动形式的新型公共空间，新富町文化市场如今更需要来自各方的创意来补充其内容与活动输出。以文化市场 2017 年以来发起的展览征件计划为例，基金会向社会各界的个人及团队征集有关地域变迁、文化研究或饮食教育等领域的提案，获奖者由文化市场提供场地空间，帮助获奖者实现创作和展出的可能。一般而言，活动于前一年秋冬发起，次年春夏正式展出，展览时间为四十天至六十天，辅之以相应的工作坊，论坛增加互动性。

2019 年，文化市场额外为获奖者提供新台币 5 万元（约合 1 万元人民币）的创作预算，用以鼓励创意萌发。文化市场想要透过展览征件计划，吸引不同的创作者或团体前来申请、交流，也借此开启更多的对话可能。

改变不止于此。在"U"形建筑之内，新富町文化市场仍在为积累有价值的社区活化经验而继续尝试；"U"形建筑以外，依旧保留小摊经营模式的东三水市场，也经历了来自水越设计团队的整饬改造。以此，原本经营烟酒、服饰和生熟食的旧场所们有了新的发展轨迹，但传统市场在当下安身立命的真正法则，还需要人们在改变中不断求索。Ⓜ

我推荐的 10 处
新型商业空间

by / 吴声

从什么时候开始，"空间"一词重新回到了我们视野？似乎一夜之间，在中国"新零售"语境下，Amazon Go、Amazon Books 开始风靡，人们也纷纷尊敬起苹果、小米的坪效能力。

2018 年"新物种爆炸大会"上，我提出"空间重生"的概念，是因为围绕空间发生了一系列变化，很多形态在商业逻辑上形成了新的完整性：生活体验馆、快闪店、品牌体验店、书店新零售、咖啡馆、杂货店、精品酒店、策展空间……数字化和社交化是这一轮空间活化的引擎，它们自身也有了发展成为独特 IP 的可能性。

我很喜欢在全球各地拜访空间，在这里，我想为大家总结出近年来印象深刻的创新空间（排名不分先后），它们各有优缺点，也希望它们能为你带来新的思考。

01：A / D / O 设计师孵化器 @ 美国纽约
地址：29 Norman Avenue, Greenpoint, Brooklyn, NY 11222
官网：a-d-o.com

2017 年和 2018 年，我曾两次拜访这处空间，两次都人满为患。它以设计师 IP 孵化为特色，尊重灵感。进门左侧，北欧大厨主理的轻食餐厅座无虚席，X 形的几何共享办工位独立而疏离，视野开阔。空间内设有懒人沙发，躺下后，能在布鲁克林看到曼哈顿的天

Photo | Matthew Carbone

Photo | Matthew Carbone

吴声

场景实验室创始人。著有《场景革命：重构人与商业的连接》《超级 IP：互联网新物种方法论》《新物种爆炸：认知升级时代的新商业思维》等，每年发布主题演讲"新物种爆炸"，目前已发展为"新商业趋势年度大赏"。

空。里面还有设计商店，让设计师成果有验证和展示的机会。另外，空间里还可以举办品牌发布活动。总之，在为设计师提供独创性的效率空间的同时，它也给本地年轻人更多时髦的社交选择。美中不足是，作为汽车品牌 MINI 赞助支持的城市探索之地，策展元素和文化表达在仅仅一层楼内，动线过于单一，缺失了体验应有的丰富度。

02：保时捷体验中心 @ 美国洛杉矶
地址：19800 S. Main St. Carson, CA 90745
官 网：www.porschedriving.com/porsche-experience-center-los-angeles

2018 年春天，我从洛杉矶国际机场出发前，在保时捷体验中心停留，它堪称惊艳。如果你在二楼 917 餐厅就餐，菜品精致、菜名独特，也能感受到保时捷文化；咖啡则经由经典咖啡机 Speedster 制作。共享活动空间设计合理，在细节处使用新技术、处处有心。要说遗憾，可能是空间风格过于单调，虽然豪华，但也限制了产品应用场景的可扩展性。

03：购物中心 Central Embassy @ 泰国曼谷
地 址：1031 Phloen Chit Rd, Pathum Wan, Khet Pathum Wan, Krung Thep Maha Nakhon 10330
官网：www.centralembassy.com

一个以挥霍姿态复刻全球精致生活方式的商业空间。以设计师品牌为特色，从风格酒店到书店，从"网红"餐厅到共享办公空间，通过它独有的 IP 和社交属性激发打卡、拍照与分享。徜徉其中，可以感受到年轻人的活力。六层 Open House 艺术商业中心，视觉上也许是 K11 与茑屋书店的结合，但大面积的留白和大胆的空间设计，足以支撑更多商业功能创新。整体而言，坪效能力设计存在短板，用户运营还缺乏针对性。

04：Hotel koé @ 日本东京
地址：东京都涩谷区宇田川町 3-7
官网：hotelkoe.com

作为服装品牌的概念尝试，hotel koé 将烘焙、咖啡、策展、零售、

Photo | hotel koé

酒店融合在一起，毫无违和地演绎了酷与侘寂（wabisabi）美学的融合表达。入住当天恰逢酒店与美国设计师品牌 Thom Browne 的联名商品发售，剧场式的台阶瞬间就转换为小型沙龙发布现场。客房为精致日式风格，与涩谷的潮流感反差鲜明。面包很赞，店铺音乐选择品位一流，但店铺收银效率一般。

05：la kagū @ 日本东京
地址：东京都新宿区矢来町 67
官网：www.lakagu.com

被隈研吾吸引而去，拾级而上，颇能感受出版社新潮社的文脉气质。拥有放眼东京也算得上优秀的服装买手店、优质的轻食餐厅，呼应二楼的策展沙龙，休闲氛围较为突出。最近一次去正好遇到户外品牌 Snow Peak 主题展，品牌故事梳理得有趣清晰。店铺选品涉及音乐、杂货、数码周边、家居、家具等，二楼陈列方案也会不定期刷新，有让人一再拜访的冲动。但整体面积略显局促，外部空间的利用率不高。可惜这间店如今已结束营业，2019 年春天，la kagū 会迎来它的新业主——杂货品牌 AKOMEYA。

06：江别 茑屋书店 @ 日本北海道江别市
地址：北海道江别市牧场町 14-1

官网：ebetsu-t.com

在凛冽的江别，这件茑屋书店于 2018 年 11 月开业，也是我认为迄今为止最美的"茑屋"。阅读空间融合了北海道地域属性，图书和文创两大产品系列构建了不亚于东京二子玉川茑屋家电的消费场景提案。

07：Common Ground @ 韩国首尔
地址：200, Achasan-ro, Gwangjin-gu, Seoul 05071
官网：www.common-ground.co.kr

首尔的朋友跟我说，这里是如今韩国年轻人的"潮地"。它是全球最大的 pop-up 集装箱商场，由 200 个夺目的大型蓝色集装箱构成。错落有致的砌造中，也展现着开放性街区建设的新尝试。客流可以沿着集装箱堆叠的自然路径流入建筑，与此同时，其间展示的韩国设计师商品集合同样也具有流动性。多样性的动线和多样性的商品，辅之以各类市集、咖啡车和甜品店，给予人们拜访的新理由。但与建大周边地区的购物餐饮气氛相比，这个商场的风格与质量仍有不少提升空间。

Photo | 茑屋书店·江别店

Photo | Iwan Baan

Photo | Philipp Obkircher

Photo | Nike001

Photo | Nike001

08：LVMH 基金会艺术中心 @ 法国巴黎

地　址：8, Avenue du Mahatma Gandhi, Bois de Boulogne, 75116-Paris

官网：www.fondationlouisvuitton.fr/en.html

当然，我是慕建筑师弗兰克·盖瑞（Frank Gehry）之名前往这座船型建筑物的。建筑设计基于数字计算，还加入了海洋意象。虽然是迷宫一样的结构，但参观仍遵循艺术展的观赏动线，电子导览、可视化屏幕，以及可停留的摄影场景，都给人不错的体验。

09：Michelberger Hotel @ 德国柏林

地址：Warschauer Str. 39-40, 10243 Berlin

官网：www.michelbergerhotel.com

冲着《MONOCLE》杂志的推荐，我在参加柏林国际电子消费品展（IFA）的时候住进了这家性价比颇高的特色酒店。在这里，手工制作的家居用品和跳蚤市场的独有稀品轻巧植入每个房间。不同的设计和装饰让客人的每一次入住都能收获不同的新奇灵感，这与Ace Hotel 的社区化努力相映成趣，很特别，让人形成难忘的体验，但电商延展较弱。

10：Nike001 @ 中国上海

地址：中国上海市南京东路 829 号

网页：http://www.nikeinc.com.cn/html/page-2781.html

这家位于上海世贸广场的新型店铺是 Nike 全球首家创新中心（House of Innovation），毗邻精品咖啡店 Seesaw。空间设计炫酷，也契合着城市精神。去之前，可以用小程序预约试穿新款球鞋。传统的导购在这里被定义为专家和真正意义上的顾问。这里还有不少限定款，一楼的 DIY 专属定制服务也协助构建了全新的用户关系。这个智慧零售门店展现着目前为数不多的体验型零售业态：酷，由你自主探索。Ⓜ

图书在版编目（CIP）数据

就是要逛才有趣 / 赵慧 主编. — 北京：东方出版社, 2019.6

ISBN 978-7-5207-1013-8

Ⅰ.①就… Ⅱ.①赵… Ⅲ.①商业建筑－室内装饰设计－研究 Ⅳ.①TU247

中国版本图书馆CIP数据核字（2019）第077206号

就是要逛才有趣

（JIUSHI YAO GUANG CAI YOUQU）

主　　编：赵　慧

出版统筹：吴玉萍

责任编辑：侯　亮

责任审校：凌　寒

出　　版：东方出版社

发　　行：人民东方出版传媒有限公司

地　　址：北京市西城区北三环中路6号

邮　　编：100120

印　　制：小森印刷（北京）有限公司

版　　次：2019年6月第1版

印　　次：2021年11月第2次印刷

开　　本：787毫米×1092毫米　1/16

印　　张：14

字　　数：224千字

书　　号：ISBN 978-7-5207-1013-8

定　　价：59.00元

发行电话：（010）85924663　85924644　85924641

DREAMLABO
未 来 预 想 图